Die Glyceride des Cocosfettes

Inaugural-Dissertation

zur

Erlangung der Doktorwürde

der

Hohen Philosophischen und Naturwissenschaftlichen Fakultät
der Universität Münster i. W.

vorgelegt von

Julius Baumann

aus Moskau

1920

Springer-Verlag Berlin Heidelberg GmbH

Dekan: Prof. Dr. Gerhard Schmidt.
Referent: Prof. Dr. A. Bömer.

ISBN 978-3-662-24119-6   ISBN 978-3-662-26231-3 (eBook)
DOI 10.1007/978-3-662-26231-3

Softcover reprint of the hardcover 1st edition 1920

Die Glyceride des Cocosfettes.

Einleitung.

Das Cocosfett ist bereits Gegenstand mehrfacher Untersuchungen gewesen, die sich jedoch nur auf die Feststellung der Art seiner Fettsäuren beschränken. Man ist daher mit mehr oder minder großer Sicherheit über die Fettsäuren des Cocosfettes im Klaren. Welche Glyceride dagegen im Cocosfett vorhanden sind, ist bis jetzt noch eine unentschiedene Frage.

Das Cocosfett soll hauptsächlich aus Glyceriden der Capron-, Capryl-, Caprin-Laurin- und Myristinsäure bestehen. Neben diesen Hauptbestandteilen sollen in geringen Mengen Palmitin-, Stearin- und Ölsäure vorkommen.

Die Capron- und Caprylsäure hat zuerst Fehling[1]) im Cocosfett gefunden. Zur Trennung dieser beiden Säuren bediente er sich der verschiedenen Löslichkeit ihrer Bariumsalze. Er verfuhr folgendermaßen:

Er verseifte das Cocosfett mit Natronlauge vom spez. Gewicht 1,12. Die Seife zersetzte er in der Blase mit verdünnter Schwefelsäure und destillierte rasch, um ein an Fettsäuren nicht zu armes Destillat zu erhalten. Das Destillat neutralisierte er mit Barytwasser und dampfte es so weit ein, daß beim Erkalten sich caprylsaures Barium ausschied, das durch wiederholtes Auflösen gereinigt wurde. Die Elementaranalyse des so gereinigten caprylsauren Bariums ergab Werte, die mit den theoretischen Werten gut übereinstimmten. Die Caprylsäure selbst erhielt er durch Zersetzung des reinen Bariumsalzes mit verdünnter Säure. Die auf der wässerigen Flüssigkeit schwimmende Fettsäure trennte er ab, wusch sie mit etwas Wasser und destillierte sie dann. Das Destillat war vollkommen farblos, während in der Retorte ein geringer brauner Rückstand blieb. Auch die Analyse der Caprylsäure ergab Werte, die mit den theoretischen gut übereinstimmten; desgleichen die Analyse des Methyl- und Äthylesters der Caprylsäure.

Aus der Mutterlauge des caprylsauren Bariums krystallisierte beim Stehen an der Luft capronsaures Barium, ein Salz in warzenförmigen, zum Teil wawellitartigen Gruppen, das in kochendem Wasser sich leicht löst. Durch Säure schied Fehling daraus die Capronsäure ab. Bei der Analyse der Säure sowie des capronsauren Bariums und des Äthylesters fand Fehling mit den berechneten übereinstimmende Werte.

Nach den Fehling'schen Untersuchungsergebnissen ist das Vorkommen der Capronsäure im Cocosfett wahrscheinlich. Auch A. Görgey[2]) will sie schon früher im Cocosfett gefunden haben.

Görgey verseifte das Fett mit schwacher Kalilauge, zerlegte die Seife mit verdünnter Schwefelsäure und destillierte. Sobald das Destillat nicht mehr milchig getrübt war, sondern als eine wasserklare Flüssigkeit, die trübe Fetttropfen mitführte, erschien, brach er die Destillation ab. Das saure Destillat neutralisierte er mit Kalilauge, dampfte es bis zur Bildung des

---

[1]) Annalen der Chemie u. Pharmazie 53, 399.
[2]) Annalen der Chemie u. Pharmazie 1848, 66, 290.

Seifenleimes ein und salzte mit Chlornatrium aus. Durch Wiederauflösen und nochmaliges Aussalzen wurde die Seife gereinigt und sodann mit verdünnter Schwefelsäure zerlegt. Die abgeschiedenen Fettsäuren filtrierte Görgey bei gewöhnlicher Temperatur. Auf dem Filter blieb ein salbenartiges Gemenge, das auf Caprinsäure untersucht wurde.

Die Trennung der Fettsäuren versuchte Görgey auf verschiedene Weise:
1. Er hielt das Säuregemenge längere Zeit bei der Schmelzpunkttemperatur der Capronsäure und trennte das Flüssige vom schmierig gebliebenen durch Filtration. Diese Methode führte zu keinem Ergebnis; 2. durch fraktionierte Destillation im Vakuum; 3. durch Krystallisation aus Alkohol. Auch diese beiden Verfahren gaben keine befriedigenden Ergebnisse.
4. Benutzte er die Löslichkeitsdifferenzen der Bariumsalze der Fettsäuren in Wasser und Alkohol. Dieser letzten Methode hatte Görgey seine Ergebnisse zu verdanken.

Die Bariumsalze stellte er durch Zerlegen der Ammoniumsalze mit Chlorbarium dar. Er setzte zur warmen Ammoniumsalzlösung Chlorbarium zu, solange noch ein käsiger Niederschlag entstand, kolierte und kochte den Niederschlag mit viel Wasser aus, filtrierte in ein Becherglas und ließ erkalten. Wenn sich die heiße Flüssigkeit schon beim Ablaufen vom Filter trübt und sich weiße, leichte Flocken abscheiden, so deutet das nach Görgey auf die Gegenwart von Laurinsäure. Trübt sie sich erst später beim Abkühlen und scheidet sich ein feines weißes Pulver ab, so ist das nach Görgey ein untrüglicher Beweis für das Vorhandensein von Caprinsäure. Bei Gegenwart beider kann man beide Arten von Krystallisation nebeneinander beobachten.

Görgey hat diese Reaktionen auf die Gegenwart von Caprin- und Laurinsäure oft durch die quantitative Analyse kontrolliert und sie jedesmal bestätigt gefunden. Inwiefern das zutrifft, das möge dahingestellt bleiben.

Der Bariumsalzniederschlag wurde wiederholt mit heißem Wasser ausgekocht, im ganzen 10 mal. Nach dem Erkalten filtrierte Görgey den ganzen Inhalt des ersten und letzten Becherglases, trocknete den Niederschlag und bestimmte den Bariumgehalt.

Enthielten sie beide gleichviel Barium, entsprechend irgendeiner rationellen Formel, so vereinigte Görgey die Krystallisation sämtlicher Lösungen, verteilte die filtrierte Flüssigkeit auf die 10 Bechergläser, in denen die Krystallisationen stattgefunden hatten, und dampfte sie bis zur Bildung eines Salzhäutchens an der Oberfläche ein. Nach dem Erkalten bestimmte Görgey den Bariumgehalt dieser zweiten Krystallisation. Sprachen die Bariumprozente für Gemenge, so wurden die Krystallisationen nochmals umkrystallisiert bis zur Erreichung der gewünschten Ergebnisse und dann noch ein drittes und viertes Mal zur Bestätigung derselben. Hatte ein Bariumsalz nach zweimaligem Umkrystallisieren aus Wasser übereinstimmende Resultate gegeben, so krystallisierte es Görgey noch einmal aus Alkohol um und bestimmte den Bariumgehalt dieser Krystallisation. Stimmten die Resultate aus Wasser und Alkohol überein, so nahm er an, daß eine einheitliche Säure vorlag. Er fand für das Bariumsalz im Mittel von vier Bestimmungen verschiedener Krystallisationen 31,88% BaO, während caprinsaures Barium ($C_{10}H_{19}O_3 + BaO$) 31,98% verlangt. Die von Görgey gefundenen Werte stimmen demnach mit den berechneten überein. Aus ihren Salzen schied Görgey die Caprinsäure durch Weinsäure ab. Nach dem schmilzt die Caprinsäure bei 33°, ist in warmem Wasser löslich; beim Erkalten der warmen Lösung scheidet sie sich wieder vollständig aus. Nach Görgey ist die Caprinsäure in verhältnismäßig so geringer Menge im Cocosfette enthalten, daß sie sehr leicht übersehen werden kann, wenn man sie nicht absichtlich sucht.

Die Analyse der Säure ergab:

	Gefunden	Berechnet
Kohlenstoff	69,50	69,77%
Wasserstoff	11,62	11,63 ,

Die gefundenen Werte stimmen auch in diesem Falle mit den berechneten überein.

Ferner untersuchte er das Silbersalz, das er durch Fällen der neutralen Lösung von caprinsaurem Ammon mit Silbernitrat erhielt. Die gefundenen Werte sprechen für Caprinsäure. Nach den Untersuchungen Görgey's ist demnach das Vorhandensein von Caprinsäure im Cocosfett anzunehmen.

Über das Vorkommen von Laurin- und Myristinsäure im Cocosfett bestehen keine Zweifel. Die Laurinsäure ist bei weitem der Hauptbestandteil der Cocosfettsäuren. Dies hat bereits Görgey gelegentlich seiner Untersuchungen über das Vorkommen von Caprinsäure im Cocosfette gefunden.

Das Vorkommen von Palmitin- und Stearinsäure, deren letztere Lewkowitsch zuerst im Cocosfett gefunden hat, wird von Ulzer[1] bezweifelt.

---

[1] Chem. Revue über die Fett- und Harzindustrie 1899, **6**, 233.

Von einer Aufzählung der weiteren Arbeiten, welche sich mit der Zusammensetzung des Cocosfettes beschäftigen, soll hier abgesehen werden, da sie sich nur auf die **Fettsäuren** und nicht auf die Glyceridformen beziehen, in denen diese Fettsäuren im Cocosfett vorhanden sind. Erwähnt sei nur noch eine Arbeit von K. S. **Caldwell** und W. H. **Hurtley**[1]). Sie destillierten Cocosfett im Vakuum des Kathodenlichtes, um auf diese Weise einige Aufklärung über die Glyceride des Cocosfettes zu erlangen; sie destillierten nur die Anteile, die bis 210° übergingen, ab. Das Destillat betrug nach ihren Angaben etwa 50 % der angewendeten Menge. 1 g Destillat verbrauchte zur Verseifung 4,97 ccm N.-Natronlauge; dieser Menge entspricht die Verseifungszahl 279,1. 1 g des Destillationsrückstandes verbrauchte 4,38 ccm, entsprechend der Verseifungszahl 246,0. Hierauf beschränken sich ihre Angaben; eine eingehendere Untersuchung der Destillationsprodukte ist demnach von ihnen anscheinend nicht durchgeführt worden. Eine eigentliche Aufklärung über die Glyceride des Cocosfettes haben sie also nicht gebracht.

Eigene Untersuchungen.

Da über die Glyceride des Cocosfettes so gut wie nichts bekannt ist, war es von Interesse zu versuchen, daraus reine Glyceride darzustellen, insbesondere zu prüfen, ob die nachgewiesenen Fettsäuren lediglich in der Form der einfachen Triglyceride vorhanden sind, oder ob in dem Cocosfette auch **gemischte Triglyceride** vorkommen. Um diese Frage zu prüfen, wurden die nachfolgenden Versuche angestellt.

Als Ausgangsmaterial zu diesen Versuchen diente ein gereinigtes aus Cochinchina stammendes sog. Cochin-Cocosfett, das folgende chemischen Konstanten hatte:

Schmelzpunkt (nach Polenske bestimmt) . . . . 26,8°
Reichert-Meißl'sche Zahl 7,7
Polenske'sche Zahl 16,1
Verseifungszahl 259,7
Jodzahl 4,6

Destillation des Cocosfettes im Vakuum.

Um zunächst die flüchtigen von den nichtflüchtigen Glyceriden zu trennen, wurde 1 kg des Ausgangsfettes in Teilen von etwa 70—80 g im Vakuum des Kathodenlichtes mittels einer **Krafft**'schen Quecksilberpumpe der Destillation unterworfen. Die Destillation begann bei einer Metallbadtemperatur von 260° und einer inneren von etwa 210°. Das innere Thermometer stieg dann rasch auf 255—260°, bei welcher Temperatur der größte Teil überdestillierte. Zum Schlusse stieg das innere Thermometer ziemlich schnell auf 280—285°, wo dann anscheinend die Glyceride der höher molekularen Fettsäuren übergingen.

Was den Verlauf der Destillation betrifft, so ist zu bemerken, daß sie vollkommen ruhig ohne Gasentwickelung vor sich ging; das Destillat bestand aus einem wasserklaren dicken Öl.

Das Ergebnis von 13 Destillationen ist in Tabelle 1 (S. 6) zusammengestellt. Die Gesamtmenge des Destillats betrug 867,5 g, die des Rückstands 122,0 g.

Der **Destillationsrückstand** wurde nochmals für sich einer Destillation unterworfen, um ihn vollständig von den letzten Resten der etwa noch vorhandenen

---
[1]) Journal Chem. Soc. London 1909, 95, 853—861.

flüchtigen Anteile zu befreien. Der Destillation stellten sich jetzt jedoch Schwierigkeiten entgegen. Beim Beginn trat eine starke Dampfentwickelung auf, die ein Zurückgehen des Vakuums auf etwa 15 mm bewirkte. Die Flüssigkeit im Kolben befand sich dabei in lebhaftem Wallen, was bei den ersten Destillationen nicht der Fall war; sie stieß heftig und spritzte ab und zu in die Vorlage über. Die Ursache dieser Erscheinungen war eine eintretende Zersetzung, wie aus dem stechenden Geruch, den der Kolbeninhalt annahm, hervorging; es wurde daher von einer Wiederholung der Destillation abgesehen. Der Destillationsrückstand samt dem Inhalte der Vorlage wurde nun zwecks Befreiung von den beim Erhitzen gebildeten freien Fettsäuren in 250 ccm Äther gelöst und die Lösung im Scheidetrichter nach Zusatz von ungefähr der gleichen Menge Wasser und von einigen Tropfen 1 %-iger Phenolphthaleinlösung mit wässeriger annähernd $1/4$ N.-Natronlauge versetzt, bis die wässerige Schicht nach dem Schütteln schwach rot gefärbt blieb; dazu waren 31 ccm Lauge erforderlich. Nachdem die alkalische wässerige Schicht abgelassen war, wurde die ätherische Lösung dreimal mit Wasser geschüttelt, sodann filtriert, der Äther abdestilliert und der Rückstand gewogen; er betrug 120,1 g.

Tabelle 1.

Nummer der Destillation	Angewendete Menge g	Destillations- Temperatur	Dauer Stunden	Menge des Destillats g	in % des Ausgangsfettes
1	79	250—285°	1¼	145,1	89,6
2	83	,,	1½		
3	76	,,	1	59,3	78,0
4	72	255—285°	1	62,6	86,9
5	81	,,	¾	73,4	90,6
6	81	,,	1¼	70,2	86,7
7	74	245—270°	1¼	51,2	69,2
8	81	255—280°	1¼	71,6	88,4
9	73	,,	1	58,2	79,7
10	80	,,	1¼	74,4	93,0
11	77	260—285°	1	68,9	89,5
12	77	,,	1¼	71,4	92,7
13	66	,,	1½	61,2	92,7

Vom Destillat und Destillationsrückstande wurden Schmelzpunkt, Verseifungs- und Jodzahl bestimmt; die Ergebnisse[1]) waren folgende:

	Schmelzpunkt (nach Polenske)	Verseifungszahl		Jodzahl	
Destillat	25,0°	263,4 \ 264,0	Mittel 263,7	1,7 \ 2,0	Mittel 1,85
Destillationsrückstand	32,5°	228,6 \ 228,4	228,5	23,9 \ 23,1	23,5

---

[1]) Der Raumersparnis wegen wird von der Mitteilung der Mengen der angewandten Substanz sowie der verbrauchten Mengen Kaliumhydroxyd und Jod bezw. Jodchlorid abgesehen. Zu den Bestimmungen der Verseifungszahl wurden, wo nichts anderes angegeben ist, 1,5—2 g zu denen der Jodzahlen ungefähr 0,5 g Substanz verwendet.

Die Jodzahlen zeigen, daß das Destillat keine oder nur geringe Mengen ungesättigter Fettsäuren enthielt; die gefundenen Zahlen liegen nahezu innerhalb der Fehlergrenzen. Im Destillationsrückstand sind dagegen die ungesättigten Fettsäuren angehäuft, seine Jodzahl ist ungefähr fünfmal so hoch wie die des Ausgangsfettes. Schmelzpunkte und Verseifungszahlen zeigen, daß das Destillat an Glyceriden der niederen Fettsäuren angereichert ist, der Rückstand dagegen außer den ungesättigten Fettsäuren auch mehr Glyceride höherer gesättigter Fettsäuren enthält.

Wurde das Destillat bei Zimmertemperatur sich selbst überlassen, so entstand eine Abscheidung von Krystalldrusen, während die Hauptmenge flüssig blieb. Diese Erscheinung ließ vermuten, daß es sich hier wahrscheinlich um mindestens zwei verschiedene Körper handelte, die auf diese Weise vielleicht voneinander getrennt werden konnten. Es wurde daher das gesamte Destillat bis zum vollkommenen Schmelzen erwärmt und der langsamen Krystallisation bei Zimmertemperatur (21—22° C) überlassen. Nach etwa 15 Stunden wurden die Krystalle durch Filtration mittels Witt'scher Saugplatte vom flüssigen Teil getrennt[1]). Der flüssige Teil wurde nochmals der Krystallisation überlassen. Infolge der hohen Zimmertemperatur von 25—27° trat jedoch keine Krystallabscheidung mehr ein.

Die Menge des festen Teils (1) betrug 386,2 g, die des flüssigen (2) 438,9 g. Der Schmelzpunkt des festen Teils (nach Polenske bestimmt) war 27,0°, der des flüssigen 25,0°. Von beiden Teilen wurden die Verseifungszahlen bestimmt; sie ergaben:

Nr. 1 Fester Teil   263,3 und 263,0, Mittel 263,15
Nr. 2 Flüssiger Teil 265,8 und 265,7, Mittel 265,75.

Hiernach zeigten der feste und der flüssige Anteil nur geringe Unterschiede in den Verseifungszahlen; es war demnach durch die Krystallisation bei Zimmertemperatur nur eine unvollkommene Trennung der Bestandteile des Destillates erzielt worden.

Beide Teile wurden nun nochmals im Vakuum des Kathodenlichts einer Destillation unterworfen. Diese Destillationen gingen auffallenderweise nicht glatt vonstatten; es traten vielmehr dieselben Erscheinungen wie bei dem Erhitzen des ersten Destillationsrückstandes auf, nämlich lebhaftes Wallen der Flüssigkeit im Destillationskolben, verbunden mit Dampfentwickelung, heftigem Stoßen und Überspritzen in die Vorlage. Um festzustellen ob diese Erscheinungen etwa durch zu schnelles Erhitzen bedingt waren, wurde durch sehr langsames Steigern der Metallbadtemperatur ein allmähliches Anwärmen des Fettes auf die Destillationstemperatur zu erreichen gesucht. Diese Vorsichtsmaßregel war nur bei zweien von den fünf ausgeführten Destillationen des flüssigen Teils (Nr. 2) von Erfolg, dagegen blieb sie beim Destillieren des festen Teils (Nr. 1) ohne jeden Erfolg.

Das Ergebnis der Destillation des flüssigen Teils (Nr. 2) war folgendes:

Tabelle 2.

Nummer der Destillation	Angewendete Menge g	Destillations-		Menge des Destillats g
		Temperatur	Dauer Stunden	
1	77,9	255—266	1¼	54,7
2	82,6	„	1½	73,4
3	70,9	„	2	41,2
4	66,9	„	2½	56,8
5	54,9	„	1	41,2

[1]) Vom flüssigen Teil gingen dabei 42 g durch Verschütten verloren.

Bei den Destillationen 1, 2 und 5 war beim Beginn des Destillierens eine geringe Menge des Fettes aus dem Destillationskolben in die Vorlage übergespritzt; die hierbei erhaltenen Destillate wurden daher nochmals destilliert. Beim Beginn dieser Destillation trat jedoch wiederum Stoßen und Überspritzen ein; die Destillation wurde daher abgebrochen, Destillat und Destillationsrückstand wurden wieder vereinigt und von weiteren Destillationsversuchen abgesehen.

Die Destillate der 3. und 4. Destillation (Nr. 3) und ebenso die der 1., 2. und 5. (Nr. 4) wurden je vereinigt, in 200 ccm Benzol gelöst und im Scheidetrichter nach Zusatz von Wasser, wie oben angegeben, zur Entfernung der freien Fettsäuren mit wässeriger, etwa $1/4$ N.-Natronlauge geschüttelt; bei Nr. 3 waren dazu 30 ccm, bei Nr. 4 34 ccm Lauge erforderlich. Die Benzollösungen wurden sodann viermal mit Wasser geschüttelt, filtriert und das Benzol abdestilliert.

Von Nr. 3 wurden Schmelzpunkt und Verseifungszahl bestimmt; sie ergaben:
Schmelzpunkt (nach Polenske) . 22,1°,
Verseifungszahl . . . . 271,3; 271,8; 271,2. Mittel 271,4.

Nachdem das langsame Anwärmen bei der Destillation von Nr. 1 für einen glatten Verlauf ohne Erfolg geblieben war, wurde bei einem weiteren Destillationsversuch die angewendete Menge, 74 g, zuvor in der bereits mehrfach beschriebenen Weise neutralisiert. Dadurch sollte festgestellt werden, ob nicht etwa die freien Fettsäuren die erwähnten Erscheinungen bedingten, indem sie auf eine Zersetzung begünstigend einwirkten. Die Destillation ging anfangs ganz glatt; als sie jedoch infolge des Sinkens der Badtemperatur auf einige Zeit unterbrochen wurde, traten beim Wiederbeginn der Destillation die früheren Erscheinungen auf. Die Destillation wurde dennoch fortgeführt, bis alles, was unter 271° überging, abdestilliert war.

Das Destillat, dessen Menge 10,9 g betrug, wurde zu Nr. 4 gegeben; der Rückstand wurde mit den bei der Destillation des flüssigen Teils Nr. 2 erhaltenen Destillationsrückständen zu Nr. 5 vereinigt.

Auch bei einem weiteren Destillationsversuche blieb die vorherige Neutralisation ohne Erfolg. Die vorhandenen freien Fettsäuren können demnach nicht die erwähnten Erscheinungen verursachen. Wie in früheren Fällen handelt es sich hier um eine eintretende Zersetzung, deren Ursache bei dem glatten Verlauf der Destillationen des Ausgangsfettes unerklärlich ist.

Die Fraktion Nr. 5, deren Gesamtmenge 130,2 g betrug, wurde in Benzol gelöst und auf erwähnte Weise von freien Fettsäuren befreit; verbraucht wurden 1,3 ccm N.-Natronlauge. Von den auf diese Weise entsäuerten Glyceriden wurden der Schmelzpunkt und die Verseifungszahl mit folgendem Ergebnisse bestimmt:
Schmelzpunkt . . . . 27,5°,
Verseifungszahl . . . 255,8 und 255,9. Mittel 255,85.

Infolge der Unmöglichkeit, eine glatte zweite Destillation zu erzielen, wurde von einer weiteren fraktionierten Destillation gänzlich abgesehen und zur Trennung durch fraktionierte Krystallisation übergegangen.

Um vorläufige Anhaltspunkte über die Natur der Glyceride der Fraktion Nr. 3 zu gewinnen, wurde in folgender Weise verfahren:

Die von den Bestimmungen der Verseifungszahl herrührenden alkoholischen Seifenlösungen wurden vereinigt, und der Alkohol nach Zusatz von 20 g Glycerin durch Kochen vollständig verjagt. Die Seife wurde darauf mit verdünnter Schwefelsäure zersetzt und die abgeschiedenen Fettsäuren im Wasserdampfstrome destilliert, bis die Menge des Destillats

500 ccm betrug. Von den flüchtigen unlöslichen und löslichen, sowie den nichtflüchtigen Fettsäuren wurde das Molekulargewicht bestimmt. Bei den flüchtigen unlöslichen und den nichtflüchtigen Fettsäuren erfolgte diese Bestimmung durch Verseifen mit alkoholischer Kalilauge, bei den flüchtigen löslichen dagegen nach Juckenack und Pasternack.

Flüchtige lösliche Fettsäuren: Zur Titration wurden 24,6 ccm $^1/_{10}$ N.-Kalilauge verbraucht; die gefundene Seifenmenge betrug 0.3404 g. Aus diesen beiden Zahlen berechnet sich das Molekulargewicht zu 138,5. Dieser Wert liegt in der Nähe des Molekulargewichtes der Caprylsäure (144). Demnach dürften die flüchtigen löslichen Fettsäuren im wesentlichen aus Caprylsäure bestehen.

Flüchtige unlösliche Fettsäuren: Die Bestimmung der Säurezahl (in 0,4870 g Substanz), die mittels alkoholischer Kalilauge in der Wärme erfolgte, ergab 315,3; dieser Säurezahl entspricht ein Molekulargewicht von 177,9.

Nichtflüchtige Fettsäuren: Die Bestimmung der Säurezahl ergab die Werte 270,3, 269,7 und 270,8, im Mittel 270,3. Dieser Säurezahl entspricht ein Molekulargewicht von 207,6. Es handelt sich hier anscheinend um ein Gemenge von Laurin- und Myristinsäure. Zur genaueren Kennzeichnung der nichtflüchtigen Fettsäuren wurden aus der Seife der letzten Säurezahlbestimmung die Fettsäuren (1,5920 g) abgeschieden, in 50 ccm Alkohol gelöst und durch fraktionierte Fällung nach Heintz mit Bariumacetat in 4 Fraktionen zerlegt. Von jeder Fraktion wurde der Schmelzpunkt und die Säurezahl der Fettsäuren und der Bariumgehalt der Seifen bestimmt. Die Ergebnisse waren folgende:

	Bariumgehalt der Seifen	Gewicht der Fettsäuren	Schmelzpunkt	Säurezahl	Molekulargewicht
Fraktion I	24,96 %	0,3715 g	31,0°	265,5	211,3
„ II	24,08 „	0,4070 „	32,0°	270,0	207,8
„ III	23,76 „	0,3115 „	36,0°	271,4	206,7
„ IV	24,21 „	0,2885 „	34,4°	283,3	198,0

Sowohl die Säurezahlbestimmungen wie die Bariumwerte der 4 Fraktionen sprechen für ein Gemenge von Laurinsäure (Bariumgehalt des Salzes 25,65%) und Myristinsäure (Bariumgehalt des Salzes 23,21%).

Die Fraktionen I und IV wurden durch eine weitere fraktionierte Fällung mit Bariumacetat in drei Teile aufgeteilt.

Von den ausgeschiedenen Bariumseifen wurde wieder der Bariumgehalt ermittelt und ferner der Schmelzpunkt der aus den Bariumseifen durch Salzsäure abgeschiedenen Fettsäuren. Die Ergebnisse waren folgende:

Fraktion	Bariumgehalt der Seifen	Gewicht der Fettsäuren	Schmelzpunkt
I a	23,23 %	0,027 g	36,9°
I b	23,08 „	0,036 „	37,2°
I c	23,65 „	0,075 „	33,2°
IV a	24,56 %	0,046 g	31,1°
IV b	24,96 „	0,059 „	37,0°
IV c	23,72 „	0,059 „	34,9°

Auch die Bariumbestimmungen dieser Fraktionen deuten auf ein Gemisch von Laurin- und Myristinsäure.

Die Fraktionen Ia und b wurden dreimal aus 10 ccm 50%-igem Alkohol umkrystallisiert. Das Ergebnis war folgendes:

	Erste	Zweite	Dritte Krystallisation
Schmelzpunkt . . .	40,0°	43,3°	51,0°

Der letzte Schmelzpunkt deutet auf die Anwesenheit von Myristinsäure.

Die Fettsäuren der Fraktion Nr. 3 bestehen also im wesentlichen aus Capryl-, Laurin- und Myristinsäure.

Untersuchung des Destillates.
Fraktionierte Krystallisation der Fraktion Nr. 1.

Der nicht zum zweiten Male destillierte größere Teil der Fraktion Nr. 1 (S. 7) wurde auf die mehrfach erwähnte Weise neutralisiert, wozu 23,5 ccm $^1/_4$ N.-Natronlauge verbraucht wurden. Darauf wurden zunächst versuchsweise 48,1 g in 100 ccm Aceton gelöst und bei 12—15° der Krystallisation überlassen. Trotz der langen Krystallisationsdauer von 16$^1/_2$ Stunden fielen keine Glyceride aus. Darauf wurden 4 ccm Wasser zugesetzt; es trat infolgedessen eine ölige Ausscheidung ein. Durch Zusatz von 20 ccm Aceton wurde das ausgeschiedene Öl wieder in Lösung gebracht und diese Lösung bei 2—3° der Krystallisation überlassen.

Sobald sich größere Krystallmengen ausgeschieden hatten, wurden diese auf einer Witt'schen Platte mit Papierfilter abfiltriert und durch Aufpressen eines Uhrglases von der anhaftenden Mutterlauge möglichst befreit. Darauf wurde das Filtrat bei derselben Temperatur wie vorher der weiteren Krystallisation überlassen, nach abermaliger starker Krystallabscheidung wurde in derselben Weise wie vorher verfahren und so fort, bis auch nach 14-stündigem Stehen keine weitere Krystallabscheidung erfolgte, sondern die noch gelösten Glyceride sich als Öltröpfchen abschieden.

Als Lösungsmittel wurde Aceton gewählt, da die Glyceride des Cocosfettes in Äther zu leicht, in Alkohol dagegen zu schwer löslich sind. Die Verwendung von Aceton hat den Vorteil, daß die Glyceride sich daraus grobkrystallin ausscheiden, wodurch das Filtrieren der abgeschiedenen Krystalle wesentlich erleichtert wird. Andererseits hat die Verwendung von Aceton aber den Nachteil, daß es sich mit der Zeit zersetzt und dadurch die Glyceride verunreinigt. Aus diesem Grunde wurde stets frisch über gebranntem Kalk und Chlorcalcium destilliertes Aceton benutzt.

Die Ergebnisse dieser fraktionierten Krystallisation[1]) waren folgende:

Tabelle 3.

Unterfraktion	Art der Behandlung	Krystallisations-		Ausgeschiedene Krystalle		
		Dauer	Temperatur	Menge	Schmelzpunkte	
					der aus Lösung krystallisierten Glyceride	der aus Schmelzfluß erstarrten Glyceride
		Stunden	° C	g	° C	° C
a	48,1 g in 100 ccm Aceton gelöst	$^1/_4$	2—3	5,5	31,0	29,0
b	Mutterlauge von a weiter krystallisiert	,,	,,	5,5	30,0	28,0
c	Desgl. von b	,,	,,	12,6	29,1	27,8
d	,, ,, c	,,	,,	6,3	26,9	26,3
e	,, ,, d	$^3/_4$	,,	1,6	26,4	25,5

[1]) Dazu sei bemerkt, daß alle in dieser Abhandlung angegebenen Schmelzpunkte unkorrigierte Schmelzpunkte sind; für die Schmelzpunkte unterhalb 35° kommt eine wesentliche Korrektur überhaupt nicht in Frage. Sämtliche Schmelzpunkte sind mit einem und demselben Normal-Thermometer bestimmt, das bis zum Teilstriche —20° in die Heizflüssigkeit eintauchte. Als solche diente bei den niedrig schmelzenden Glyceriden Wasser, bei den höher schmelzenden konzentrierte Schwefelsäure. Über die Anordnung des Apparates und die Ausführung der Schmelzpunktsbestimmungen sei auf die Veröffentlichungen von A. Bömer in Zeitschrift f. Untersuchung der Nahrungs- und Genußmittel 1907, 14, 97 und 1909, 17, 363 hingewiesen.

Zur Mutterlauge von der Unterfraktion e wurden sodann 5 ccm Wasser zugesetzt und aufs neue bei 2—3° der Krystallisation überlassen. Es trat eine ölige Ausscheidung ein. Die Lösung wurde auf 10° gebracht und tropfenweise Aceton zugesetzt, bis die ölige Schicht wieder in Lösung gegangen war. Darauf wurde sie nochmals bei 2—3° der Krystallisation überlassen; es trat jedoch wieder eine ölige Ausscheidung ein.

Es wurde nun der Rest (251,3 g) der Fraktion Nr. 1 in 500 ccm Aceton gelöst und bei etwa 3—5° wie vorher der fraktionierten Krystallisation unterworfen.

Tabelle 4.

Unterfraktion	Art der Behandlung	Krystallisations-		Abgeschiedene Krystalle		
		Dauer	Temperatur	Menge	Schmelzpunkte	
					der aus Lösung krystallisierten Glyceride	der aus Schmelzfluß erstarrten Glyceride
		Stunden	°C	g	°C	°C
a	251,3 g in 500 ccm Aceton gelöst	3¼	3—5	57,8	30,0	28,2
b	Mutterlauge von a weiter krystallisiert	,,	3	48,4	30,1	26,5
c	Desgl. von b	½	,,	21,0	28,1	27,0
d	,, ,, c	,,	,,	20,0	27,1	26,2
e	,, ,, d	,,	,,	16,0	28,0	27,1
f	,, ,, e	3¼	,,	9,1	27,2	26,1
g	,, ,, f	3	,,	5,6	31,0	26,5
h	,, ,, g	17	,,	8,1	31,8	26,5

Die Unterfraktionen a, b und c waren etwas schmierig, vermutlich infolge unvollkommenen Absaugens der Mutterlauge. Es wurden daher sämtliche Fraktionen noch einmal umkrystallisiert, und zwar wurde dabei in folgender Weise verfahren:

Die Unterfraktion a wurde in 100 ccm Aceton gelöst und bei etwa 3° der Krystallisation überlassen. In der Mutterlauge wurde nach der Trennung von den Krystallen die Unterfraktion b gelöst. Nach abermaligem Krystallisieren bei etwa 3° wurde filtriert und in der Mutterlauge die Unterfraktion c gelöst usw. Nachdem auf diese Weise die Unterfraktion h in der vorhergehenden Mutterlauge gelöst war, wurde die Lösung in der oben (S. 10) geschilderten Weise längere Zeit der Krystallisation überlassen, und von Zeit zu Zeit wurden die jedesmal abgeschiedenen Krystalle abfiltriert. Das Ergebnis dieser Krystallisationen war folgendes:

Tabelle 5.

Unterfraktion	Art der Behandlung	Abgeschiedene Krystalle		
		Menge	Schmelzpunkte	
			der aus Lösung krystallisierten Glyceride	der aus Schmelzfluß erstarrten Glyceride
		g	°C	°C
aa	Fraktion a (Tab. 4) in 100 ccm Aceton gelöst	21,0	31,8	31,0
bb	In der Mutterlauge Fraktion b gelöst	19,8	30,1	29,1
cc	,, ,, ,, ,, c ,,	14,2	30,0	28,2
dd	,, ,, ,, ,, d ,,	18,1	28,0	27,0
ee	,, ,, ,, ,, e ,,	12,8	28,0	27,2
ff	,, ,, ,, ,, f ,,	11,4	28,1	27,3

Unterfraktion	Art der Behandlung	Abgeschiedene Krystalle		
		Menge	Schmelzpunkte	
			der aus Lösung krystallisierten Glyceride	der aus Schmelzfluß erstarrten Glyceride
		g	°C	°C
gg	In der Mutterlauge Fraktion g gelöst . . .	13,1	27,8	27,0
hh	,, ,, ,, ,, h ,, . . .	12,3	27,3	26,2
ii	Mutterlauge von hh weiter krystallisiert . .	6,4	27,2	26,2
kk	,, ,, ii ,, ,, . .	15,5	27,3	26,1
ll	,, ,, kk ,, ,, . .	4,1	26,9	25,8
mm	,, ,, ll ,, ,, . .	7,0	27,0	26,0
nn	,, ,, mm ,, ,, . .	5,0	26,3	25,3
oo	,, ,, nn ,, ,, . .	3,4	26,0	25,0
pp	,, ,, oo ,, ,, . .	2,3	26,0	24,3
qq	,, ,, pp ,, ,, . .	3,6	23,2	22,2

Die Unterfraktion qq wurde nochmals aus 10 ccm Aceton krystallisiert; erhalten wurden zwei neue Unterfraktionen, von denen die eine die Schmelzpunkte 31,8 und 26,5°, die andere 26,5 und 25,5° aufwies.

Die erhaltenen Unterfraktionen wurden nunmehr nach Maßgabe ihrer Schmelzpunkte zu folgenden neuen Fraktionen vereinigt:

Fraktion	Schmelzpunkte der neuen Fraktionen	Gewicht der neuen Fraktionen
Nr. 6	31—32°	27,6 g
,, 7	30—31°	39,5 ,,
,, 8	28—30°	54,9 ,,
,, 9	27—28°	64,7 ,,
,, 10	26—27°	12,0 ,,

Die Fraktionen Nr. 6—9 wurden nochmals fraktioniert krystallisiert. Die Ergebnisse sind in den nachstehenden Tabellen 6—9 zusammengestellt:

Tabelle 6. Fraktionierte Krystallisation der Fraktion Nr. 6.

Unterfraktion	Art der Behandlung	Krystallisations-		Abgeschiedene Krystalle		
		Dauer	Temperatur	Menge	Schmelzpunkte	
					der aus Lösung krystallisierten Glyceride	der aus Schmelzfluß erstarrten Glyceride
		Stunden	°C	g	°C	°C
a	27,6 g in 75 ccm Aceton gelöst	1¼	12—13	9,2	35,9	35,0
b	Mutterlauge von a weiter krystallisiert	4½	,,	1,1	35,2	34,3
c	Desgl. von b	9	12—14	0,7	36,6	33,5
d	,, ,, c	¼	3	3,2	31,5	31,0
e	,, ,, d	¼	,,	3,4	30,0	29,7
f	,, ,, e	½	,,	2,6	29,6	29,1
g	,, ,, f	¾	,,	1,1	28,2	28,2
h	,, ,, g	1¼	,,	1,1	31,9	27,9
i	,, ,, h	6	,,	0,3	31,8	28,1

Tabelle 7. Fraktionierte Krystallisation der Fraktion Nr. 7.

Unterfraktion	Art der Behandlung	Krystallisations-Dauer Stunden	Temperatur °C	Abgeschiedene Krystalle Menge g	Schmelzpunkte der aus Lösung krystallisierten Glyceride °C	Schmelzpunkte der aus Schmelzfluß erstarrten Glyceride °C
a	39,5 g in 75 ccm Aceton gelöst	2	12—13	7,1	34,6	33,2
b	Mutterlauge von a weiter krystallisiert	3¾	,,	2,3	35,1	33,0
c	Desgl. von b	9	12—14	2,9	35,8	32,1
d	,, ,, c	¹/₁₂	3	3,2	31,0	30,0
e	,, ,, d	¼	,,	3,2	30,8	30,1
f	,, ,, e	,,	,,	3,7	30,0	29,6
g	,, ,, f	,,	,,	4,7	29,1	28,8
h	,, ,, g	½	,,	2,1	28,1	28,0
i	,, ,, h	,,	,,	1,1	27,1	27,0
k	,, ,, i	3	,,	0,7	32,3	27,7
l	,, ,, k	17	,,	0,4	33,0	27,1

Tabelle 8. Fraktionierte Krystallisation der Fraktion Nr. 8.

a	54,9 g in 75 ccm Aceton gelöst	2¼	12—13	13,9	30,2	29,5
b	Mutterlauge von a weiter krystallisiert	21	,,	5,2	34,1	30,7
c	Desgl. von b	¼	3	3,0	29,1	28,1
d	,, ,, c	,,	,,	7,0	29,0	28,1
e	,, ,, d	,,	,,	7,3	28,3	28,0
f	,, ,, e	,,	,,	4,3	28,0	26,9
g	,, ,, f	,,	,,	2,5	27,2	26,2
h	,, ,, g	,,	,,	1,5	27,1	26,1
i	,, ,, h	¾	,,	0,7	28,5	25,0
k	,, ,, i	17	,,	0,9	31,0	26,0

Tabelle 9. Fraktionierte Krystallisation der Fraktion Nr. 9.

a	64,7 g in 100 ccm Aceton gelöst	22	12—13	9,1	32,1	29,2
b	Mutterlauge von a weiter krystallisiert	¼	3	7,7	28,8	28,0
c	Desgl. von b	½	,,	8,2	28,8	27,8
d	,, ,, c	¼	,,	5,0	28,8	28,0
e	,, ,, d	½	,,	6,5	28,0	27,7
f	,, ,, e	,,	,,	5,2	28,0	27,0
g	,, ,, f	,,	,,	3,9	27,1	26,0
h	,, ,, g	,,	,,	1,5	26,9	26,0
i	,, ,, h	1	,,	1,6	27,0	26,0
k	,, ,, i	4½	,,	0,8	32,0	26,1

Die Ergebnisse der beiden fraktionierten Krystallisationen zeigen, daß auf diese Weise eine Trennung der Glyceride wohl zu erzielen ist. Die am Ende der Krystallisationen auftretenden öligen Ausscheidungen deuten auf das Vorhandensein eines bei Zimmertemperatur flüssigen Glycerids.

Die Unterfraktionen a von der fraktionierten Krystallisation der Fraktionen Nr. 6, 7 und 8 waren im Vergleich zu den folgenden etwas groß ausgefallen. Infolgedessen und ferner, um zu sehen, wie hoch überhaupt der Schmelzpunkt der schwerlöslichsten Glyceride war, wurden diese Fraktionen Nr. 6a, 7a und 8a nochmals in derselben Weise fraktioniert krystallisiert. Das Ergebnis ist in den folgenden drei Tabellen zusammengestellt:

Tabelle 10. Fraktionierte Krystallisation der Unterfraktion 6a.

Unterfraktion	Art der Behandlung	Krystallisations- Dauer Stunden	Krystallisations- Temperatur °C	Abgeschiedene Krystalle Menge g	Schmelzpunkte der aus Lösung krystallisierten Glyceride °C	Schmelzpunkte der aus Schmelzfluß erstarrten Glyceride °C
a_1	9,2 g gelöst in 50 ccm Aceton	½	12	2,2	39,4	39,3
a_2	Mutterlauge von a_1 weiter krystallisiert	1/30	3	2,7	36,2	36,0
a_3	Desgl. von a_2	1/12	4	2,0	33,6	33,2
a_4[1])	„ „ a_3	2¼	3	1,1	31,2	30,1
a_5	„ „ a_4	¾	„	0,3	28,0	27,8
a_6	„ „ a_5	1	„	0,2	26,5	26,2

Tabelle 11. Fraktionierte Krystallisation der Fraktion 7a.

a_1	7,1 g in 50 ccm Aceton gelöst	½	12	1,9	37,8	37,5
a_2	Mutterlauge von a weiter krystallisiert	1/12	3	2,2	34,8	34,5
a_3	Desgl. von a_2	½	4	1,4	32,0	31,5
a_4	„ „ a_3	5¾	3	0,2	33,0	30,4
a_5	Zur Mutterlauge von a_4 2 ccm Wasser zugesetzt und weiter krystallisiert	½	3	0,5	28,3	28,0

Tabelle 12. Fraktionierte Krystallisation der Unterfraktion 8a.

a_1	13,9 g in 50 ccm Aceton gelöst	¾	12	2,5	35,0	34,2
a_2	Mutterlauge von a_1 weiter krystallisiert	1/12	3	2,1	32,3	32,1
a_3	Desgl. von a_2	„	4	3,2	30,8	30,5
a_4	„ „ a_3	1/6	3	1,7	29,8	29,2
a_5	„ „ a_4	1	3	1,2	29,0	28,3
a_6	„ „ a_5	4½	3	0,1	32,0	28,2
a_7	Zur Mutterlauge von a_6 1,5 ccm Wasser zugesetzt und weiter krystallisiert	½	3	0,8	—	23,6

[1]) Zur Mutterlauge von a_4 wurde vor der weiteren Abkühlung 1 ccm Wasser zugesetzt.

Diese Krystallisationsergebnisse zeigen eine wesentliche Schmelzpunkterhöhung bei den schwerlöslichsten Fraktionen.

Um zu sehen, ob noch ein weiteres Ansteigen des Schmelzpunktes erfolgt, wurde die erste Fraktion a_1 von der Aufteilung der Unterfraktion Nr. 6a (Tabelle 10) einer weiteren fraktionierten Krystallisation unterzogen.

Das Ergebnis war folgendes:

Tabelle 13.
Fraktionierte Krystallisation der Unterfraktion $6a_1$.

Unterfraktion	Art der Behandlung	Krystallisations-		Abgeschiedene Krystalle		
		Dauer	Temperatur	Menge	Schmelzpunkte	
					der aus Lösung krystallisierten Glyceride	der aus Schmelzfluß erstarrten Glyceride
		Stunden	°C	g	°C	°C
a_8	2,2 g in 35 ccm Aceton gelöst	¼	13	0,6	43,5	43,5
a_9	Mutterlauge von a_8 weiter krystallisiert	½	13	0,5	40,5	40,1
a_{10}	Desgl. von a_9	1½	13	0,1	40,0	38,9
a_{11}	,, ,, a_{10}	14½	5—6	0,4	37,9	35,5
a_{12}	Zur Mutterlauge von a_{11} 2 ccm Wasser zugegeben und weiter krystallisiert	4	10—12	0,2	33,0	32,9
a_{13}	Mutterlauge von a_{12} weiterkrystallisiert . . .	48	13—15	0,1	29,2	26,0

Wie ersichtlich, ist der Schmelzpunkt der schwerlöslichsten Fraktion um weitere 4^0 gestiegen. Er liegt in der Nähe des Schmelzpunktes von Trilaurin, das einen Schmelzpunkt von $46,2^0$ hat.

Um festzustellen, ob etwa Trilaurin als schwerlöslichstes Glycerid in Frage kommt, wurde die erste Fraktion nochmals fraktioniert krystallisiert.

Dabei wurden 3 Fraktionen erhalten:

	Schmelzpunkt der Glyceride,	
Gewicht	aus Lösung krystallisiert	aus Schmelzfluß erstarrt
0,2 g	$47,2^0$	$47,0^0$
0,3 g	$43,9^0$	$42,6^0$
0,1 g	$38,0^0$	$37,2^0$

Dem Schmelzpunkte nach konnte die erste Fraktion reines Trilaurin sein. Um Gewißheit darüber zu erhalten, ob sie tatsächlich einen einheitlichen Körper darstellte, wurde sie nochmals umkrystallisiert. In diesem Falle durfte keine wesentliche Änderung des Schmelzpunktes eintreten. Dies war jedoch der Fall; der Schmelzpunkt stieg auf $49,0^0$. Es konnte demnach Trilaurin wohl kaum als schwerlöslichstes Glycerid in Frage kommen.

Die im vorstehenden bei der fraktionierten Krystallisation der Fraktionen Nr. 6—9 und ihrer Unterfraktionen erhaltenen Einzelfraktionen wurden nach Maßgabe ihrer Schmelzpunkte zu folgenden neuen Fraktionen vereinigt:

Tabelle 14.

Fraktion	Schmelzpunkte der neuen Fraktionen °C	Gewicht der neuen Fraktionen g	Fraktion	Schmelzpunkte der neuen Fraktionen °C	Gewicht der neuen Fraktionen g
Nr. 11	47	0,2	Nr. 16	32,1—34,0	14,7
„ 12	43,9	0,3	„ 17	30,1—32,0	18,5
„ 13	40,5	0,6	„ 18	28,1—30,0	60,0
„ 14	36,1—38,0	5,8	„ 19	26,1—28,0	28,6
„ 15	34,1—36,0	16,2	„ 20	Flüssig	130,2

Die Fraktion Nr. 20 setzt sich aus den bei den fraktionierten Krystallisationen erhaltenen öligen Abscheidungen und den in den Aceton-Mutterlaugen noch gelösten Glyceriden zusammen. Diese wurden zusammen in einen Scheidetrichter gebracht und, um die Ausscheidung der Glyceride aus den Aceton-Mutterlaugen zu vervollständigen, mit ungefähr der gleichen Menge Wasser versetzt. Das abgeschiedene Öl wurde mit Äther ausgeschüttelt, die ätherische Lösung mit Wasser gewaschen und der Äther abdestilliert.

Erste fraktionierte Lösung.

Die vorstehenden Fraktionen, mit Ausnahme der geringen Fraktionen Nr. 11 und 12, wurden nunmehr zwecks weiterer Trennung einer fraktionierten Lösung unterworfen. Dabei wurde in folgender Weise verfahren:

Die betreffende Fraktion wurde in Aceton gelöst und unter häufigem Umrühren der Krystallisation überlassen. Nach ungefähr $1/2$—$1^1/2$-stündiger Krystallisationsdauer wurden die abgeschiedenen Krystalle auf einer Witt'schen Platte mit Papierfilter abfiltriert und durch Aufpressen eines Uhrglases von der anhaftenden Mutterlauge möglichst befreit. Darauf wurden die abgeschiedenen Krystalle wieder in der gleichen oder einer größeren Menge Aceton gelöst und diese Lösung abermals der Krystallisation überlassen. Mit den abgeschiedenen Krystallen wurde in derselben Weise wie vorher verfahren und so fort, bis keine Krystallisation mehr eintrat.

Von den Glyceriden der jedesmaligen Mutterlaugen wurde der Schmelzpunkt bestimmt. Zu diesem Zweck wurden die Glyceride aus den Mutterlaugen durch Verdunstenlassen eines kleinen Teiles derselben auf einem Uhrglase abgeschieden. Nach je 5 Krystallisationen wurde auch der Schmelzpunkt der abgeschiedenen Krystalle bestimmt.

In der gleichen Weise wurden die als Ergebnis der ersten fraktionierten Krystallisation erhaltene Fraktion Nr. 10 (S. 12), sowie die bei der fraktionierten Destillation erhaltenen Fraktionen Nr. 3, 4 und 5 verarbeitet.

Über die Ausführung der Schmelzpunktbestimmungen vergl. Anmerkung 1 S. 10. Die Umwandlungspunkte traten bei den niedrig schmelzenden Glyceriden des Cocosfettes im allgemeinen nicht deutlich in die Erscheinung; sie wurden daher meist nicht bestimmt. — Vergl. auch die Anmerkung zu den Tabellen 40, 42, 43.

Die Ergebnisse sind in den Tabellen 15—26 zusammengestellt.

— 17 —

Tabelle 15.
Fraktionierte Lösung von Nr. 13 (0,6 g vom Schmp. 40,5°).

Nr. der Krystallisation	Menge des Lösungsmittels (Aceton) ccm	Krystallisations- Temperatur °C	Krystallisations- Dauer Stdn.	Schmelzpunkte der Glyceride der Mutterlaugen [bezw. der Krystalle] aus Lösung krystallisierte Glyceride °C	Schmelzpunkte der Glyceride der Mutterlaugen [bezw. der Krystalle] aus Schmelzfluß erstarrte Glyceride °C
1	50	11—12	1¼	{ 38,1 [44,1]	38,0 43,0]
2	,,	10—11	,,	41,3	40,9
3	,,	,,	,,	44,0	44,0
4	,,	,,	,,	46,2	46,0

Tabelle 16.
Fraktionierte Lösung von Nr. 14 (5,8 g vom Schmp. 36,1—38,0°).

Nr.	ccm	°C	Stdn.	aus Lösung °C	aus Schmelzfluß °C
1	25	9	1¼	{ 26,0 [36,8]	25,0 [36,8]
2	,,	9	,,	28,8	28,0
3	,,	9—10	,,	31,0	30,3
4	,,	10—11	,,	32,7	32,2
5	,,	11	,,	{ 34,5 [39,0]	32,9 [39,0]
6	,,	13	1½	35,0	33,2
7	50	9—10	1¼	36,7	34,8
8	,,	9—10	,,	37,1	35,1
9	,,	10	,,	37,3	36,9
10	,,	8	,,	{ 37,8 [41,9]	37,1 [41,2]
11	,,	8—9	,,	39,1	38,8
12	,,	9	,,	39,1	38,7
13	,,	9—10	,,	40,0	39,2
14	,,	8—9	1	40,7	40,0
15	,,	9	1¼	{ 41,1 [45,1]	40,7 [44,7]
16	,,	11	,,	42,8	42,0
17	,,	11—12	,,	43,1	42,3
18	,,	10—12	1	44,2	43,8
19	,,	,,	1	44,8	44,0
20	,,	,,	1¼	{ 45,1 [46,8]	45,0 [46,2]
21	,,	,,	,,	46,0	45,3
22	75	,,	,,	46,2	46,0
23	,,	,,	,,	47,9	47,9

Tabelle 17.
Fraktionierte Lösung von Nr. 15 (16,2 g vom Schmp. 34,1—36,0°).

Nr.	ccm	°C	Stdn.	aus Lösung °C	aus Schmelzfluß °C
1	50	3—5	1¼	{ 29,2 [34,0]	28,8 [33,7]
2	,,	7	¾	27,3	27,1
3	,,	7	¾	30,2	29,8
4	,,	3	1½	29,8	29,5
5	,,	3	¾	{ 32,0 [37,0]	32,0 [36,8]
6	,,	3—4	¾	33,0	33,0
7	,,	3—4	1¼	32,9	32,8
8	,,	3—4	1½	33,6	33,5
9	,,	5	1	34,7	34,2
10	,,	5	1	{ 35,0 [37,2]	34,5 [37,0]
11	,,	6—7	¾	33,2	33,0
12	,,	7	1	35,9	33,5
13	,,	8	1	34,0	33,8
14	,,	8—9	1¼	34,9	34,2
15	,,	9—10	1¼	{ 36,2 [38,1]	35,0 [38,0]
16	,,	10	1	37,3	35,0
17	,,	9	1¼	37,3	35,8
18	,,	9—10	,,	38,2	37,0
19	,,	8—9	,,	38,1	37,0
20	,,	9—10	,,	{ 38,2 [40,1]	37,0 [39,2]
21	,,	9—10	,,	38,5	37,5
22	,,	8	,,	38,8	38,2
23	,,	8	,,	39,0	38,2
24	,,	8—9	,,	38,8	38,2
25	,,	9	,,	{ 38,8 [40,2]	38,3 [40,0]
26	,,	9	,,	39,0	38,8
27	,,	9—10	,,	39,1	38,8
28	,,	10—11	,,	39,8	38,9
29	,,	11	,,	41,0	39,1
30	,,	12—13	,,	41,6	40,0
31	50	13	1½	{ 43,1 [43,8]	40,5 [43,2]
32	,,	9—10	1¼	44,0	41,7
33	,,	9—10	1¼	45,2	44,0
34	,,	10	1¼	47,0	45,7

Tabelle 18.
Fraktionierte Lösung von Nr. 16
(14,7 g vom Schmp. 32,1—34,0°).

Nr. der Krystallisation	Menge des Lösungsmittels (Aceton) ccm	Krystallisations- Temperatur °C	Dauer Stdn.	Schmelzpunkte der Glyceride der Mutterlaugen [bezw. der Krystalle] aus Lösung krystallisierte Glyceride °C	aus Schmelzfluß erstarrte Glyceride °C
1	50	3—5	½	24,7 [31,2]	24,5 [31,0]
2	,,	7	¾	25,1	25,0
3	,,	7	1	28,5	28,2
4	,,	3	½	29,0	28,7
5	,,	3	½	31,2 [34,1]	31,0 [33,5]
6	,,	3—4	¾	31,8	31,0
7	,,	3—4	¼	32,0	31,2
8	,,	3—4	½	32,9	32,7
9	,,	5	1	32,3	32,0
10	,,	5	1	33,0 [34,7]	32,5 [34,3]
11	,,	6—7	¾	33,0	32,5
12	,,	7	1	33,3	33,0
13	,,	8	1	33,5	33,0
14	,,	8—9	1¼	34,0	33,0
15	,,	9—10	1¼	35,2 [37,1]	34,0 [36,8]
16	,,	10	1	36,0	34,2
17	,,	9	1¼	37,3	36,0
18	,,	9—10	,,	38,2	37,0
19	,,	8—9	,,	39,0	38,0
20	,,	9—10	,,	39,8 [42,1]	39,1 [42,0]
21	,,	9—10	,,	41,2	41,1
22	,,	8	,,	43,0	43,0
23	,,	8	,,	43,2	43,1

Tabelle 19.
Fraktionierte Lösung von Nr. 17
(18,5 g vom Schmp. 30,1—32,0°).

Nr. der Krystallisation	Menge des Lösungsmittels (Aceton) ccm	Krystallisations- Temperatur °C	Dauer Stdn.	Schmelzpunkte der Glyceride der Mutterlaugen [bezw. der Krystalle] aus Lösung krystallisierte Glyceride °C	aus Schmelzfluß erstarrte Glyceride °C
1	50	3—4	½	22,2 [31,1]	21,9 [31,0]
2	,,	,,	1	22,0	21,9
3	,,	,,	,,	24,2	24,0
4	,,	,,	,,	28,7	27,2
5	,,	,,	,,	27,9 [32,8]	27,0 [32,8]
6	,,	,,	,,	30,0	29,5
7	,,	,,	,,	31,1	30,0
8	,,	,,	,,	31,0	30,2
9	,,	,,	,,	32,0	31,0
10	,,	,,	,,	32,0 [33,5]	31,1 [33,5]
11	,,	,,	1¼	32,0	31,3
12	,,	,,	1	32,0	31,0
13	,,	,,	1	32,1	32,0
14	,,	,,	1	32,7	32,2
15	,,	,,	1¼	33,1 [34,2]	32,8 [34,0]
16	,,	,,	1	33,1	33,0
17	,,	,,	,,	33,1	33,0
18	,,	,,	,,	33,1	32,5
19	,,	,,	,,	34,0	33,3
20	,,	,,	,,	34,0 [34,9]	33,1 [34,2]
21	,,	,,	,,	34,0	33,2
22	,,	,,	,,	34,5	33,5
23	,,	,,	,,	34,5	33,9
24	,,	,,	,,	34,5	33,5
25	,,	7—8	1¼	34,8 [35,2]	33,9 [35,0]
26	,,	8	,,	35,0	34,0
27	,,	8—9	,,	35,1	34,0
28	,,	10	,,	34,9	34,1
29	,,	10—11	,,	35,8	34,4
30	,,	11—12	,,	38,0 [39,3]	36,7 [39,0]
31	,,	10—12	,,	39,2	38,9
32	,,	10—12	,,	41,9	41,9

Tabelle 20.

Fraktionierte Lösung von Nr. 18
(60,0 g vom Schmp. 28,1—30,0°).

Nr. der Krystallisation	Menge des Lösungsmittels (Aceton) ccm	Krystallisations- Temperatur °C	Krystallisations- Dauer Stdn.	Schmelzpunkte der Glyceride der Mutterlaugen [bezw. der Krystalle] aus Lösung krystallisierte Glyceride °C	aus Schmelzfluß erstarrte Glyceride °C
1	100	2—3	1	{ 23,1 { [29,0]	21,0 [28,8]
2	,,	,,	,,	23,2	22,2
3	,,	,,	,,	25,5	25,0
4	,,	,,	,,	25,2	24,1
5	,,	,,	,,	{ 26,0 { [32,0]	25,1 [31,1]
6	,,	,,	,,	25,8	25,0
7	,,	,,	,,	28,0	27,2
8	,,	,,	,,	29,8	29,1
9	,,	,,	,,	31,0	30,2
10	,,	,,	,,	{ 31,2 { [33,5]	30,3 [32,8]
11	,,	,,	1¼	31,8	31,0
12	,,	,,	1	32,1	31,3
13	,,	,,	,,	32,7	31,7
14	,,	,,	,,	33,1	32,0
15	,,	,,	,,	{ 33,1 { [34,0]	32,2 [33,0]
16	150	3—4	,,	32,9	32,0
17	,,	,,	,,	33,1	32,1
18	,,	,,	,,	33,2	32,8
19	,,	,,	,,	33,2	32,9
20	,,	,,	,,	{ 33,3 { [34,0]	32,9 [33,3]
21	,,	,,	,,	34,0	33,0
22	,,	,,	,,	33,8	33,0
23	,,	,,	,,	34,0	33,1
24	,,	6—7	,,	34,9	33,7
25	,,	8—9	1¼	{ 35,1 { [35,1]	34,0 [35,0]
26	,,	9	,,	36,8	34,1
27	,,	,,	,,	38,1	35,9
28	,,	,,	,,	38,8	37,0

Tabelle 21.

Fraktionierte Lösung von Nr. 19
(28,6 g vom Schmp. 26,1—28,0°).

Nr.	ccm	°C	Stdn.	aus Lösung °C	aus Schmelzfluß °C
1	50	2—3	1	{ 21,0 { [28,1]	19,0 [28,0]
2	,,	,,	,,	21,5	19,0
3	,,	,,	,,	21,8	21,0
4	50	2—3	1	23,0	21,9
5	,,	,,	,,	{ 25,1 { [31,0]	24,0 [30,2]
6	,,	,,	,,	24,3	23,5
7	,,	,,	,,	26,2	25,8
8	,,	,,	,,	27,0	26,3
9	,,	,,	,,	28,8	28,0
10	,,	,,	,,	{ 29,1 { [31,8]	28,2 [31,1]
11	,,	,,	1¼	29,8	28,8
12	,,	,,	1	30,2	29,8
13	,,	,,	,,	31,1	30,3
14	,,	,,	,,	30,5	30,1
15	,,	,,	,,	{ 31,1 { [32,2]	30,8 [31,2]
16	75	3—4	,,	30,5	30,0
17	,,	,,	,,	31,1	30,6
18	,,	,,	,,	31,1	30,8
19	,,	,,	,,	31,1	30,8
20	,,	,,	,,	{ 32,1 { [32,1]	31,1 [31,5]
21	,,	,,	,,	32,5	31,2
22	100	,,	,,	32,1	31,5
23	,,	,,	,,	32,2	31,5
24	,,	6—7	,,	33,0	32,0
25	,,	8—9	1¼	{ 33,0 { 37,0	32,1 [33,5]
26	,,	9	,,	37,0	33,5

Tabelle 22.

Fraktionierte Lösung von Nr. 20
(130,2 g flüssige Glyceride).

Nr.	ccm	°C	Stdn.	aus Lösung °C	aus Schmelzfluß °C
1	200	0—1	1½	flüssig	flüssig
2	50	,,	1	18,1	17,3
3	,,	,,	,,	20,3	19,1
4	,,	,,	,,	22,1	20,3
5	,,	1	,,	{ 23,8 { [29,8]	22,8 [29,0]
6	,,	1—2	,,	26,2	26,0
7	,,	2	,,	27,2	26,6
8	,,	2—3	,,	28,3	28,0
9	,,	3	,,	29,5	28,8
10	,,	3—4	,,	{ 30,0 { [30,5]	29,2 [30,1]

Nr. der Krystallisation	Menge des Lösungsmittels (Aceton)	Krystallisations-		Schmelzpunkte der Glyceride der Mutterlaugen [bezw. der Krystalle]		Nr. der Krystallisation	Menge des Lösungsmittels (Aceton)	Krystallisations-		Schmelzpunkte der Glyceride der Mutterlaugen [bezw. der Krystalle]	
		Temperatur	Dauer	aus Lösung krystallisierte Glyceride	aus Schmelzfluß erstarrte Glyceride			Temperatur	Dauer	aus Lösung krystallisierte Glyceride	aus Schmelzfluß erstarrte Glyceride
	ccm	°C	Stdn.	°C	°C		ccm	°C	Stdn.	°C	°C
11	50	4	1	30,5	29,7	6	200	0—1	1	28,1	27,5
12	,,	2—3	,,	30,1	29,2	7	,,	,,	,,	30,1	29,2
13	,,	,,	,,	30,5	30,0	8	,,	,,	,,	31,2	31,0
14	,,	,,	,,	31,0	30,1	9	150	6—7	1¼	33,0	32,0
15	,,	,,	,,	{ 32,0 [31,9]	30,3 [30,8]	10	100	7	1¼	{ 32,5 [33,5]	32,3 [33,0]
16	100	,,	,,	32,0	30,8	11	,,	7—8	1½	34,1	32,9
17	,,	,,	,,	32,0	30,8	12	,,	6—7	1¼	34,0	33,3
18	,,	,,	,,	32,8	32,2	13	,,	7—8	,,	34,9	34,2
						14	,,	8	,,	39,1	37,0

Tabelle 23.
Fraktionierte Lösung von Nr. 3.
(Vergl. S. 8.)

Tabelle 25.
Fraktionierte Lösung von Nr. 5.
(Vergl. S. 8.)

1	200	3—5 0—1	2¼ 3½	{ flüssig [26,2]	flüssig [25,2]
2	,,	,,	1½	halbflüssig	
3	,,	,,	1	22,8	21,1
4	,,	,,	,,	25,2	24,8
5	,,	,,	,,	{ 26,3 [33,0]	25,8 [31,3]
6	,,	,,	,,	28,1	27,5
7	,,	,,	,,	30,1	29,2
8	,,	,,	,,	31,2	31,0
9	150	6—7	1¼	33,0	32,1
10	100	7	1¼	{ 33,3 [34,5]	32,8 [33,8]
11	,,	7—8	1½	34,0	33,2
12	,,	6—7	1¼	34,0	33,3
13	,,	7—8	,,	34,9	34,2
14	,,	8	,,	37,1	35,0
15	,,	7	,,	{ 38,1 [39,0]	35,6 [37,8]
16	,,	7—8	1½	39,0	36,8
17	,,	7—8	2	39,8	39,1

1	200	0—1	1	{ 22,0 [28,5]	21,4 [28,1]
2	,,	,,	,,	22,1	21,5
3	,,	,,	,,	22,2	22,0
4	,,	,,	,,	26,1	25,0
5	,,	,,	,,	{ 27,1 [35,0]	26,8 [34,3]
6	,,	,,	,,	28,3	27,9
7	,,	1	,,	29,8	29,2
8	,,	1—2	,,	30,9	30,0
9	,,	2	,,	31,0	30,9
10	,,	2—3	,,	{ 32,0 [36,8]	31,5 [36,0]
11	,,	3	,,	32,3	31,9
12	,,	3—4	,,	32,8	32,1
13	,,	4	,,	33,7	33,1
14	,,	9	1¼	33,7	33,0
15	,,	9	1	{ 34,8 [37,3]	34,0 [37,1]
16	,,	8—9	,,	34,8	34,0
17	,,	8—9	,,	35,8	34,8
18	,,	10	,,	36,3	35,7
19	,,	10—11	,,	37,2	36,3
20	,,	11	,,	{ 38,1 [41,0]	37,5 [41,0]
21	,,	11—12	,,	39,5	38,9
22	,,	,,	,,	40,5	40,0
23	,,	,,	,,	42,7	42,2
24	,,	,,	,,	45,0	44,9

Tabelle 24.
Fraktionierte Lösung von Nr. 4.
(Vergl. S. 8.)

1	200	3—5 0—1	2¼ 3½	{ flüssig [26,0]	flüssig [25,0]
2	,,	,,	1½	flüssig	flüssig
3	,,	,,	1	23,0	21,2
4	,,	,,	1	25,2	24,8
5	,,	,,	1	27,5 [32,0]	27,0 [31,2]

Tabelle 26.

Fraktionierte Lösung von Nr. 10 (12,0 g vom Schmp. 26—27°).

Nr. der Krystallisation	Menge des Lösungsmittels (Aceton) ccm	Krystallisations-		Schmelzpunkte der Glyceride der Mutterlaugen [bezw. der Krystalle]		Nr der Krystallisation	Menge des Lösungsmittels (Aceton) ccm	Krystallisations-		Schmelzpunkte der Glyceride der Mutterlaugen [bezw. der Krystalle]	
		Temperatur °C	Dauer Stdn.	aus Lösung krystallisierte Glyceride °C	aus Schmelzfluß erstarrte Glyceride °C			Temperatur °C	Dauer Stdn.	aus Lösung krystallisierte Glyceride °C	aus Schmelzfluß erstarrte Glyceride °C
1	25	0—1	1	20,2 [26,7]	19,2 [26,1]	7	50	1	1	28,2	27,8
2	,,	..	1	22,0	21,3	8	,,	1—2	,,	29,3	28,9
3	,,	..	1¼	20,9	19,8	9	,,	2	,,	30,0	29,9
4	,,	..	1	23,2	22,1	10	,,	2—3	,,	30,1 [31,1]	30,0 [30,7]
5	50	,,	,,	25,2 [30,1]	25,0 [29,9]	11	,,	3	,,	30,8	30,1
6	,,	,,	,,	27,5	27,0	12	..	3—4	,,	31,8	31,0
						13	,,	4	,,	32,0	31,2
						14	,,	2—3	,,	31,9 [32,9]	31,1 [32,7]
						15	,,	2—3	,,	33,0	32,2
						16	,,	6—7	,,	33,3	33,3

Bei der vorstehenden fraktionierten Lösung der Fraktionen Nr. 3, 4 und 5 waren die ersten zwei Krystallisationen und bei Nr. 20 die ersten Krystallisationen bei Zimmertemperatur flüssig bezw. halbflüssig. Dies deutet darauf hin, daß im Cocosfett, wie das auch bereits die fraktionierten Krystallisationen gezeigt haben, ein bei Zimmertemperatur flüssiges Glycerid vorhanden ist.

Im übrigen zeigt sich ein ständiges Ansteigen der Schmelzpunkte bis etwa 33° wo dann mehrere Fraktionen von diesem Schmelzpunkt aufeinander folgen. Dies tritt am deutlichsten in die Erscheinung bei der fraktionierten Lösung der Fraktionen Nr. 15—18. Danach ist anzunehmen, daß in den Krystallisationen vom Schmelzpunkt 33—34° ein zweites einheitliches Glycerid vorliegt.

Die Einzelfraktionen der vorstehenden ersten fraktionierten Lösung und die Fraktionen Nr. 11 und 12 (S. 16) wurden darauf nach Maßgabe der Schmelzpunkte ihrer aus Lösung krystallisierten Glyceride zu den in Tabelle 27 zusammengestellten 24 neuen Fraktionen vereinigt.

Diese neuen Fraktionen wurden zunächst zwecks Reinigung von den Aceton-Destillationsrückständen in Äther gelöst, die ätherische Lösung im Scheidetrichter mit Wasser versetzt und nach Zusatz von einigen Tropfen Phenolphthaleinlösung mit wässeriger ¼ N.-Natronlauge bis zur bleibenden Rotfärbung geschüttelt. Der Verbrauch an Lauge schwankte zwischen 0,5—9,0 ccm; er ist lediglich durch die Acetonverunreinigungen bedingt. Die ätherische Lösung wurde dreimal mit Wasser gewaschen; die wässerige Schicht und das Waschwasser wurden noch einmal mit Äther ausgeschüttelt und diese ätherische Lösung zweimal mit Wasser gewaschen. Die ätherischen Lösungen wurden vereinigt und filtriert, der Äther abdestilliert und der Rückstand gewogen.

Eine kleine Probe davon wurde in etwas Aceton gelöst und die Lösung auf einem Uhrglase langsam bei Zimmertemperatur verdunstet. Die in nachstehender Tabelle angegebenen Schmelzpunkte sind an den auf diese Weise gewonnenen gereinigten Glyceriden bestimmt.

Tabelle 27.

Fraktion Nr.	Schmelzpunkte der Einzelfraktionen °C	Gewicht der neuen Fraktionen g	Schmelzpunkte der gereinigten Glyceride	
			aus Lösung krystallisierte Glyceride °C	aus Schmelzfluß erstarrte Glyceride °C
21	Flüssig bis 14,9°	130,3	—	15,3[1])
22	15—19,9	104,6	—	18,5[1])
23	20—23,9	133,9	20,8	20,6
24	24—25,9	38,8	25,1	24,7
25	26—27,9	24,6	26,0	25,8
26	28—28,9	15,8	28,0	27,5
27	29—30,9	16,6	30,1	29,2
28	31—31,9	13,4	31,0	30,7
29	32—32,9	18,0	32,2	31,2
30	33—33,9	31,9	33,1	32,0
31	34—34,9	20,0	33,8	33,0
32	35—35,9	6,3	35,0	34,0
33	36—36,9	5,4	36,0	35,0
34	37—37,9	5,4	36,8	35,8
35	38—38,9	7,7	37,1	36,2
36	39—39,9	4,7	38,3	38,0
37	40—40,9	1,0	—	—
38	41—41,9	0,8	—	—
39	42—42,9	0,9	—	—
40	43—43,9	0,7	—	—
41	44—44,9	0,3	—	—
42	45—45,9	0,6	—	—
43	46—46,9	0,1	—	—
44	47—47,9	0,2	—	—

Zweite fraktionierte Lösung.

Die Fraktionen Nr. **21—36** wurden nunmehr einer zweiten fraktionierten Lösung unterzogen. Die Fraktionen Nr. **37—44**, deren Menge nur sehr gering war, wurden einstweilen nicht weiter verarbeitet.

Die Ergebnisse der zweiten fraktionierten Lösung sind in den Tabellen 28—43 zusammengestellt.

[1]) Nach Polenske bestimmt; vergl. Anmerkung zu Tabelle 28.

Nr. der Krystallisation	Menge des Lösungsmittels (Aceton) ccm	Krystallisations- Temperatur °C	Dauer Stdn.	Schmelzpunkte der Glyceride der Mutterlaugen [bezw. der Krystalle] aus Lösung krystallisierte Glyceride °C	aus Schmelzfluß erstarrte Glyceride °C
\multicolumn{6}{	c	}{Tabelle 28. Fraktionierte Lösung von Nr. 21 (130,3 g vom Schmp. flüssig bis 15°).}
1	100	0—1	2¼	—	15,0 [1]
2	50	„	3¼	—	15,1 [1]
3	„	„	2¼	—	16,8 [1]
4	„	„	„	—	17,8 [1]
5	„	„	„	{ 20,5 [28,8]	20,1 [25,9]
6	„	„	2	22,7	22,0
7	„	„	„	25,1	24,9
8	„	„	„	27,1	26,8
9	„	„	„	31,8	28,0
10	„	4—5	„	34,2	30,2
\multicolumn{6}{	c	}{Tabelle 29. Fraktionierte Lösung von Nr. 22 (104,6 g vom Schmp. 15—19,9°).}
1	75	0—1	2¼	—	15,1 [1]
2	30	„	3¼	—	15,2 [1]
3	50	„	2¼	—	17,1 [1]
4	„	„	„	—	16,2 [1]
5	„	„	„	{ — [27,8]	17,0 [1] [24,8]
6	„	„	2	19,5	17,0
7	„	„	„	21,5	19,2
8	„	„	„	23,7	21,9
9	„	„	„	24,8	24,0
10	„	4—5	„	{ 26,3 [31,2]	25,1 [30,2]
11	„	6—7	„	28,1	27,5
12	„	4—5	„	30,2	28,1
13	„	5—6	„	32,2	29,9
14	„	4	„	33,8	30,3
15	„	5—6	„	{ 36,1 [35,8]	31,8 [31,8]

[1]) Diese Schmelzpunkte wurden nach Polenske nach 48-stündigem Liegen des gefüllten Polenske'schen Schmelzröhrchens auf Eis bestimmt, die übrigen in üblicher Weise im Kapillarröhrchen.

Nr. der Krystallisation	Menge des Lösungsmittels (Aceton) ccm	Krystallisations- Temperatur °C	Dauer Stdn.	aus Lösung krystallisierte Glyceride °C	aus Schmelzfluß erstarrte Glyceride °C
16	50	3—5	2	35,3	31,9
17	„	5	„	37,1	32,0
18	„	6—7	„	37,3	32,1
19	„	5—6	„	32,9	31,9
\multicolumn{6}{	c	}{Tabelle 30. Fraktionierte Lösung von Nr. 23 (133,9 g vom Schmp. 20—23,9°).}
1	100	0—1	2¼	—	15,0 [1]
2	50	„	„	—	17,3 [1]
3	„	„	„	—	16,1 [1]
4	„	„	„	—	17,1 [1]
5	„	„	„	{ — [25,1]	16,2 [1] [25,0]
6	„	„	2	17,2	16,9
7	„	„	„	17,3	16,8
8	„	„	„	18,3	18,0
9	75	„	„	19,2	18,1
10	„	4—5	„	{ 23,3 [29,2]	23,0 [29,0]
11	„	6—7	„	25,2	25,0
12	„	4—5	„	25,2	25,0
13	„	5—6	„	26,7	26,1
14	„	4	„	26,2	25,8
15	„	5—6	„	{ 30,1 [31,2]	28,3 [31,0]
16	„	3—5	„	27,8	27,1
17	„	5	„	30,1	29,1
18	„	6—7	„	30,2	29,2
19	„	5—6	„	30,5	29,3
20	„	5—7	„	{ 31,8 [31,9]	30,0 [31,1]
21	„	9—10	3	31,5	30,9
22	„	9—11	2½	32,8	31,1
23	„	10—11	„	33,1	31,8
24	„	12—13	„	32,8	32,2

[1]) Vergl. die Anmerkung zu Tabelle 28.

Tabelle 31.
Fraktionierte Lösung von Nr. 24
(38,8 g vom Schmp. 24—24,9°).

Nr. der Krystallisation	Menge des Lösungsmittels (Aceton) ccm	Krystallisations- Temperatur °C	Dauer Stdn.	Schmelzpunkte der Glyceride der Mutterlaugen [bezw. der Krystalle] aus Lösung krystallisierte Glyceride °C	aus Schmelzfluß erstarrte Glyceride °C
1	50	0—1	2¼	—	18,1 [1]
2	„	„	„	—	19,8 [1]
3	„	„	„	20,3	20,0
4	„	„	„	21,9	21,1
5	„	„	„	{ 23,4 / [30,2]	23,1 / [29,8]
6	„	„	2	22,8	22,1
7	„	„	„	23,2	23,0
8	„	„	„	25,3	25,2
9	75	„	„	26,0	25,9
10	„	4—5	„	{ 27,8 / 31,8	27,1 / [31,1]
11	„	6—7	„	31,2	29,1
12	„	4—5	„	29,8	28,9
13	„	5—6	„	31,8	30,0
14	„	4	„	31,3	30,1
15	„	5—6	„	{ 33,8 / [32,2]	31,1 / [32,0]
16	„	3—5	„	33,2	30,2
17	„	5	„	34,1	31,1
18	„	6—7	„	34,9	31,8
19	„	5—6	„	35,1	31,9
20	„	5—7	„	{ 35,5 / [32,2]	31,9 / [31,9]
21	„	9—10	3	34,5	32,1
22	„	9—11	2½	33,1	32,1

Tabelle 32.
Fraktionierte Lösung von Nr. 25
(24,6 g vom Schmp. 26—27,9).

1	50	0	1	{ — / [27,0]	18,1 [1] / [26,9]
2	„	„	„	—	19,8 [1]
3	„	„	„	20,0	19,8
4	„	0—1	„	23,2	22,7
5	„	1—2	„	{ 24,8 / [30,3]	24,0 / [30,0]

[1]) Vergl. die Anmerkung zu Tabelle 28.

6	50	2	1	25,8	25,2
7	„	2—3	„	26,7	26,1
8	„	5—6	2	27,1	25,8
9	„	„	1½	28,9	28,0
10	„	„	1	{ 29,8 / [31,5]	29,0 / [31,1]
11	75	„	1¼	31,1	30,1
12	„	„	„	31,1	30,2
13	„	„	1	31,8	31,2
14	„	„	„	33,2	32,8
15	„	„	„	33,1	32,8

Tabelle 33.
Fraktionierte Lösung von Nr. 26
(15,8 g vom Schmp. 28—28,9).

1	50	0	1	{ 19,9 / [29,0]	18,8 / [28,8]
2	„	„	„	21,8	21,2
3	„	„	„	23,0	22,5
4	„	0—1	„	26,2	25,9
5	„	1—2	„	{ 27,7 / [31,8]	26,9 / [31,0]
6	„	2	„	29,0	28,2
7	„	2—3	„	29,0	28,3
8	„	5—6	2	29,0	28,3
9	„	„	1½	30,3	29,5
10	„	„	1	{ 31,2 / 32,3	30,1 / [32,0]
11	75	„	1¼	32,0	31,1
12	„	„	„	32,8	32,1
13	„	„	1	33,2	32,9
14	„	„	„	36,0	34,2

Tabelle 34.
Fraktionierte Lösung von Nr. 27
(16,6 g vom Schmp. 29—30,9).

1	50	0	1	{ 22,8 / [30,0]	22,0 / [29,9]
2	„	„	„	24,1	23,8
3	„	„	„	24,0	23,5
4	„	0—1	„	26,5	26,0

— 25 —

Nr. der Krystallisation	Menge des Lösungsmittels (Aceton) ccm	Krystallisations- Temperatur °C	Dauer Stdn.	Schmelzpunkte der Glyceride der Mutterlaugen [bezw. der Krystalle] aus Lösung krystallisierte Glyceride °C	aus Schmelzfluß erstarrte Glyceride °C
5	50	1—2	1	{ 27,7 [31,2]	26,9 [30,1]
6	,,	2	,,	29,0	28,1
7	,,	2—3	,,	29,2	28,1
8	,,	5—6	2	28,4	27,0
9	,,	,,	1½	30,2	28,9
10	,,	,,	1	{ 30,2 [32,2]	29,8 [31,9]
11	75	,,	1¼	31,9	31,0
12	,,	,,	,,	31,8	31,0
13	,,	,,	1	31,8	31,2
14	,,	,,	,,	32,1	31,8
15	,,	,,	,,	33,1	32,8
16	,,	,,	,,	33,8	33,0
17	,,	7	,,	34,8	33,9

Tabelle 35.

Fraktionierte Lösung von Nr. 28
(13,4 g vom Schmp. 31—31,9).

1	50	0	1	{ 24,5 [31,0]	24,0 [30,9]
2	,,	,,	,,	25,8	25,1
3	,,	,,	,,	27,0	26,5
4	,,	0—1	,,	28,2	27,8
5	,,	1—2	,,	{ 29,1 [32,4]	28,7 [31,8]
6	,,	2	,,	30,0	29,1
7	,,	2—3	,,	30,1	29,2
8	,,	5—6	2	29,5	28,5
9	,,	,,	1½	31,9	30,8
10	,,	,,	1	{ 31,3 [32,3]	30,1 [32,0]
11	75	,,	1¼	32,2	31,1
12	,,	,,	,,	32,0	31,5
13	,,	,,	1	32,1	31,5
14	,,	,,	,,	32,5	32,0
15	,,	,,	,,	33,0	32,2
16	,,	,,	,,	33,2	32,8
17	,,	7	,,	34,9	34,1

Tabelle 36.

Fraktionierte Lösung von Nr. 29
(18,0 g vom Schmp. 32—32,9).

1	50	0	1	{ 28,2 [32,8]	28,0 [31,8]
2	,,	,,	,,	29,1	29,0
3	,,	8—9	1½	28,8	28,0
4	,,	10—11	1¼	31,2	30,2
5	,,	10	1½	{ 31,2 [32,7]	30,5 [32,0]
6	,,	9—10	1¼	32,8	31,0
7	,,	,,	,,	32,9	31,0
8	,,	9	,,	32,8	31,1
9	,,	8—9	,,	33,1	31,1
10	,,	9—10	,,	{ 33,2 [33,2]	31,5 [32,2]
11	,,	10—11	,,	32,8	31,7
12	,,	11—12	,,	33,8	32,1
13	,,	13	,,	33,8	32,1
14	,,	,,	1½	33,2	32,5
15	,,	10—12	1¼	33,1	32,5
16	,,	10—13	,,	33,5	33,0
17	,,	,,	,,	36,2	33,9
18	,,	11—12	,,	37,2	36,0

Tabelle 37.

Fraktionierte Lösung von Nr. 30
(31,9 g vom Schmp. 33—33,9).

1	125	0	1	{ 31,1 [33,1]	29,8 [32,0]
2	35	,,	,,	28,8	28,1
3	75	8—9	1½	29,7	29,0
4	100	10—11	1¼	33,1	31,0
5	,,	10	1½	{ 33,5 [33,1]	31,2 [32,2]
6	,,	9—10	1¼	33,2	31,4
7	75	,,	,,	33,0	32,0
8	50	9	,,	33,1	32,2
9	,,	8—9	,,	34,0	32,1
10	,,	9—10	,,	{ 33,7 [34,0]	32,8 [33,1]
11	,,	10—11	,,	33,5	33,0

— 26 —

Nr. der Krystallisation	Menge des Lösungsmittels (Aceton) ccm	Krystallisations- Temperatur °C	Dauer Stdn.	Schmelzpunkte der Glyceride der Mutterlaugen [bezw. der Krystalle] aus Lösung krystallisierte Glyceride °C	aus Schmelzfluß erstarrte Glyceride °C
12	50	11—12	1¼	34,0	33,2
13	„	13	„	34,5	33,5
14	„	„	1½	34,8	33,7
15	„	10—12	1¼	34,5	33,8
16	„	10—13	„	35,1	34,1
17	„	„	„	35,0	34,0
18	„	11—12	„	36,8	35,0
19	„	12—13	„	37,0	36,0

Tabelle 38.
Fraktionierte Lösung von Nr. 31
(20,0 g vom Schmp. 34—34,9).

1	50	0	1	{ 32,3 / [33,8]	32,1 / [33,0]
2	„	„	„	32,4	32,0
3	„	8—9	1½	31,2	30,8
4	„	10—11	1¼	33,0	32,1
5	„	10	1½	{ 33,3 / [34,5]	32,8 / [33,8]
6	„	9—10	1¼	33,1	32,4
7	„	„	„	33,7	33,0
8	„	9	„	33,3	33,0
9	„	8—9	„	34,1	33,6
10	„	9—10	„	{ 34,1 / [35,1]	33,3 / [34,7]
11	„	10—11	„	34,1	33,2
12	„	11—12	„	34,5	33,8
13	„	13	„	36,0	34,0
14	„	„	1½	35,9	34,1
15	„	10—12	1¼	35,2	34,5
16	„	10—13	„	35,8	34,9
17	„	„	„	36,8	35,1
18	„	11—12	„	37,2	36,0
19	„	12—13	„	38,3	37,0
20	„	13—14	„	40,2	37,9

Tabelle 39.
Fraktionierte Lösung von Nr. 32
(6,3 g vom Schmp. 35—35,9).

1	25	0	1	{ 33,4 / [35,0]	33,0 / [34,1]
2	„	„	„	33,1	32,8
3	„	8—9	1½	32,8	32,3

Nr. der Krystallisation	Menge des Lösungsmittels (Aceton) ccm	Krystallisations- Temperatur °C	Dauer Stdn.	Schmelzpunkte der Glyceride der Mutterlaugen [bezw. der Krystalle] aus Lösung krystallisierte Glyceride °C	aus Schmelzfluß erstarrte Glyceride °C
4	25	10—11	1¼	33,3	33,0
5	„	10	1½	{ 33,5 / [34,9]	33,1 / [34,5]
6	„	9—10	1¼	33,9	33,0
7	„	„	„	33,9	33,1
8	„	9	„	34,1	33,5
9	„	8—9	„	34,2	33,5
10	„	9—10	„	{ 34,2 / [35,0]	33,2 / [34,3]
11	„	10—11	„	34,1	33,2
12	„	11—12	„	34,2	33,2
13	„	13	„	34,4	33,1
14	50	„	1½	35,2	34,0
15	„	10—12	1¼	35,5	34,1
16	„	10—13	„	36,5	34,3
17	„	„	„	37,1	35,8
18	„	11—12	„	38,4	37,0

Tabelle 40.
Fraktionierte Lösung von Nr. 33
(5,4 g vom Schmp. 36—36,9).

1	50	4—5	1½	{ 33,3 / [35,8]	33,0 / [35,0]
2	„	6—7	„	34,0	33,5
3	„	4—6	„	34,5	33,9
4	„	6—7	„	34,9	34,2
5	„	9—10	„	{ 34,9 / [36,0]	34,1 / [35,1]
6	„	10	„	35,1	34,5
7	„	„	„	35,1	34,5
8	„	8—9	„	35,2	34,6
9	„	9—10	„	35,6	35,1
10	„	10—11	„	{ 36,2 / [37,0]	35,2 / [35,8]
11	„	11—12	„	37,1	36,0
12	„	12—12,5	„	37,5	36,2
13	„	13	„	37,3	35,9
14	„	11—12	„	37,2	35,4[1]
15	„	„	„	40,0	37,1[1]

[1]) Der „Umwandlungspunkt" lag bei Nr. 14 bei 26,2° und bei Nr. 15 bei 28,2°.

— 27 —

Nr. der Krystallisation	Menge des Lösungsmittels (Aceton) ccm	Krystallisations- Temperatur °C	Dauer Stdn.	Schmelzpunkte der Glyceride der Mutterlaugen [bezw. der Krystalle] aus Lösung krystallisierte Glyceride °C	aus Schmelzfluß erstarrte Glyceride °C	Nr. der Krystallisation	Menge des Lösungsmittels (Aceton) ccm	Krystallisations- Temperatur °C	Dauer Stdn.	Schmelzpunkte der Glyceride der Mutterlaugen [bezw. der Krystalle] aus Lösung krystallisierte Glyceride °C	aus Schmelzfluß erstarrte Glyceride °C
\multicolumn{6}{c}{Tabelle 41. Fraktionierte Lösung von Nr. 34 (5,4 g vom Schmp. 37—37,9°).}							13	75	13	1½	38,2	37,0
						14	„	11—12	„	38,0	36,9
						15	50	„	„	38,5 / [40,1]	37,2 / [38,2]
1	50	4—5	1½	34,7 / [36,7]	33,8 / [36,1]	16	„	12—13	„	38,8	38,0
2	„	6—7	„	34,9	34,0	17	„	12	„	39,2	38,2
3	„	4—6	„	34,8	34,1	18	„	12—13	„	39,1	37,9
4	„	6—7	„	35,1	34,8	19	„	13—14	„	39,3	38,0
5	„	9—10	„	35,1 / [37,1]	34,2 / [36,2]	20	„	14	„	40,1 / [42,1]	38,2 / [40,1]
6	„	10	„	35,9	34,5	21	„	13—14	„	40,8	38,7
7	„	„	„	35,7	34,7	22	„	12—14	„	41,8	39,0 [1]
8	„	8—9	„	36,3	34,9	23	„	14—15	„	42,9	40,0
9	„	9—10	„	36,5	35,3	24	„	13—15	„	43,1	41,5
10	„	10—11	„	37,1 / [38,0]	36,0 / [36,9]	25	„	10—12	„	43,8	43,0
11	„	11—12	„	37,1	36,2						
12	„	12—13	„	37,5	36,0						
13	„	13	„	38,5	36,9	\multicolumn{6}{c}{Tabelle 43. Fraktionierte Lösung von Nr. 36 (4,7 g vom Schmp. 39—39,9°).}					
14	„	11—12	„	38,1	37,0						
15	„	„	„	38,2 / [41,2]	37,8 / [38,3]	1	50	4—5	1½	37,0 / [39,0]	36,3 / [38,1]
16	„	12—13	„	41,0	38,1	2	„	6—7	„	36,9	36,3
17	„	12	„	41,7	39,9	3	„	4—6	„	37,1	36,4
						4	„	6—7	„	38,0	37,3
\multicolumn{6}{c}{Tabelle 42. Fraktionierte Lösung von Nr. 35 (7,7 g vom Schmp. 38—38,9°).}							5	„	9—10	„	38,0 / [39,2]	37,3 / [38,5]
						6	„	10	„	38,2	38,0
1	50	4—5	1½	34,0 / [37,8]	33,2 / [37,0]	7	„	„	„	38,1	38,0
2	„	6—7	„	34,7	33,9	8	„	8—9	„	38,4	38,2
3	„	4—6	„	35,0	34,2	9	„	9—10	„	38,5	38,0
4	„	6—7	„	35,9	35,1	10	„	10—11	„	38,9 / [40,1]	38,2 / [38,9]
5	„	9—10	„	35,9 / [38,0]	34,9 / [37,0]	11	„	11—12	„	39,0	38,3
6	„	10	„	36,1	35,0	12	„	12—13	„	39,3	38,5
7	„	„	„	35,8	34,7	13	„	13	„	39,3	38,1
8	„	8—9	„	36,4	35,0	14	„	11—12	„	38,8	38,1
9	„	9—10	„	36,5	35,2	15	„	„	„	38,9 / [41,9]	38,1 / [40,1]
10	„	10—11	„	37,0 / [38,2]	35,9 / [37,1]	16	„	12—13	„	40,0	38,5
11	„	11—12	„	37,1	35,2						
12	75	12—12,5	„	37,5	36,1						

[1]) Der Umwandlungspunkt lag bei 30°.

Nr. der Krystallisation	Menge des Lösungsmittels (Aceton) ccm	Krystallisations-		Schmelzpunkte der Glyceride der Mutterlaugen [bezw. der Krystalle]		Nr. der Krystallisation	Menge des Lösungsmittels (Aceton) ccm	Krystallisations-		Schmelzpunkte der Glyceride der Mutterlaugen [bezw. der Krystalle]	
		Temperatur °C	Dauer Stdn.	aus Lösung krystallisierte Glyceride °C	aus Schmelzfluß erstarrte Glyceride °C			Temperatur °C	Dauer Stdn.	aus Lösung krystallisierte Glyceride °C	aus Schmelzfluß erstarrte Glyceride °C
17	50	12	1½	40,0	38,2	21	50	13—14	1½	42,8	40,5
18	,,	12—13	,,	41,0	38,8	22	,,	12—14	,,	43,5	41,8[1]
19	,,	13—14	,,	41,8	39,1	23	,,	14—15	,,	44,2	44,0
20	,,	14	,,	{ 42,3 [43,0]	39,6 [42,5]						

[1]) Der Umwandlungspunkt lag bei 31,8°.

Bei der vorstehenden zweiten fraktionierten Lösung der Fraktionen Nr. **21, 22, 23** und **24** zeigten die Glyceride der Mutterlaugen bei den ersten Fraktionen einen bei 15° bezw. etwas darüber liegenden Schmelzpunkt. Offenbar lag demnach hier ein einheitliches Glycerid (I) in mehr oder minder reiner Form vor. Ferner traten auch bei dieser zweiten fraktionierten Lösung die Fraktionen mit einem bei rund 33° liegenden Schmelzpunkt in größerer Anzahl auf. So weisen die Einzelfraktionen von Nr. **29** bis **32** eine Reihe von Fraktionen von diesem Schmelzpunkt auf, namentlich die Einzelfraktionen 6—16 bei Nr. **29**, 4—11 bei Nr. **30**, 4—8 bei Nr. **31** und 1—7 bei Nr. **32**.

Diese Ergebnisse bestätigen die auf Grund der Ergebnisse der ersten fraktionierten Lösung gemachte Annahme, daß in den bei etwa 33° schmelzenden Fraktionen ein mehr oder weniger reines einheitliches Glycerid (II) vorliegt.

Die Ergebnisse der fraktionierten Lösung der Fraktionen Nr. **34, 35** und **36** legen ferner den Gedanken nahe, daß außer den Glyceriden I und II noch ein drittes Glycerid (III) mit einem bei etwa 38° liegenden Schmelzpunkt vorhanden ist.

Die Einzelfraktionen der zweiten fraktionierten Lösung wurden nach Maßgabe der Schmelzpunkte ihrer aus Lösung krystallisierten Glyceride zu den in Tabelle 44 zusammengestellten 28 neuen Fraktionen Nr. 45—72 vereinigt.

Bevor diese Fraktionen der dritten fraktionierten Lösung unterworfen wurden, wurden sie in derselben Weise wie nach der ersten fraktionierten Lösung gereinigt; nur die Fraktionen Nr. 45—48 mit den niedrigsten Schmelzpunkten wurden ohne vorherige Reinigung weiter verarbeitet, da bei ihnen bei der Gewinnung der Einzelfraktionen im Verhältnis zum Lösungsmittel große Mengen Glyceride vorhanden und daher deren Gehalt an aus dem Aceton herrührenden Verunreinigungen nur gering sein konnte; es fehlen daher in der Tabelle 44 bei diesen 4 Fraktionen die Angaben des Schmelzpunktes nach der Reinigung.

Die Mutterlaugen-Fraktionen vom Schmelzpunkt 40° und darüber wurden zu den entsprechenden Fraktionen der ersten fraktionierten Lösung gegeben.

Bei der zweiten fraktionierten Lösung wurde eine Reihe Fraktionen, die einen großen Unterschied zwischen den Schmelzpunkten der aus Lösung krystallisierten und der aus Schmelzfluß erstarrten Glyceride aufwiesen, erhalten. Da es sich hier offenbar um Gemische handelte, wurden diese Fraktionen, um die anderen Fraktionen nicht unnötig zu verunreinigen, getrennt gehalten. Auf diese Weise wurden vier Unterfraktionen von den Schmelzpunkten 30—31,9⁰, 32—33,9⁰, 34—35,9⁰ und 36—37,9⁰ erhalten, die zunächst einer nochmaligen fraktionierten Lösung unterworfen wurden; erst die hierbei erhaltenen Mutterlaugenfraktionen wurden nach Maßgabe der Schmelzpunkte ihrer aus Lösung krystallisierten Glyceride zu den vorstehenden Hauptfraktionen gegeben. In Tabelle 44 sind die aus den Unterfraktionen erhaltenen Einzelfraktionen bereits mit einbegriffen.

Tabelle 44.

Fraktion Nr.	Schmelzpunkte der Einzelfraktionen ° C	Gewicht der neuen Fraktionen g	Schmelzpunkte der gereinigten Fraktionen	
			aus Lösung krystallisierte Glyceride ° C	aus Schmelzfluß erstarrte Glyceride ° C
45	15,0—15,9	123,7	—	—
46	16,0—16,9	87,3	—	—
47	17,0—17,9	93,2	—	—
48	18,0—18,9	18,8	—	—
49	19,0—19,9	10,2	—	19,9 [1])
50	20,0—20,9	9,7	20,1	19,8
51	21,0—21,9	7,7	21,1	20,8
52	22,0—22,9	3,3	22,2	21,8
53	23,0—23,9	10,0	23,2	23,0
54	24,0—24,9	4,7	24,1	23,9
55	25,0—25,9	10,6	25,6	25,2
56	26,0—26,9	8,7	26,2	26,0
57	27,0—27,9	5,2	27,0	26,8
58	28,0—28,9	3,5	28,0	27,5
59	29,0—29,9	6,4	29,1	28,5
60	30,0—30,9	5,4	30,0	29,2
61	31,0—31,9	20,0	30,5	30,1
62	32,0—32,4	8,7	32,0	31,0
63	32,5—32,9	8,1	32,0	31,1
64	33,0—33,4	40,0	33,0	32,0
65	33,5—33,9	11,4	32,5	32,1
66	34,0—34,4	6,2	33,1	32,8
67	34,5—34,9	10,2	33,1	32,5
68	35,0—35,9	11,0	34,0	33,2
69	36,0—36,9	12,3	35,0	33,5
70	37,0—37,9	8,5	36,1	35,5
71	38,0—38,9	6,6	38,0	37,1
72	39,0—39,9	1,3	38,9	38,0

Dritte fraktionierte Lösung.

Die gereinigten Fraktionen der vorstehenden zweiten fraktionierten Lösung wurden in derselben Weise wie vorher einer dritten fraktionierten Lösung unterzogen. Die Ergebnisse sind in den folgenden Tabellen 45—72 zusammengestellt:

---

[1]) Nach Polenske bestimmt.

Tabelle 45.
Fraktionierte Lösung von Nr. 45
(123,7 g vom Schmp. 15—15,9°).

Nr.	Menge ccm	Temperatur °C	Dauer Stdn.	aus Lösung kryst. Glyceride °C	aus Schmelzfluß erstarrte Glyceride °C
1	75	0	2¹/₄	—	14,9 [1]
2	50	„	3¹/₄	—	15,1 [1]
3	„	„	17³/₄	—	17,2 [1]

Tabelle 46.
Fraktionierte Lösung von Nr. 46
(87,3 g vom Schmp. 16—16,9°).

1	100	0	2¹/₄	—	16,9 [1]
2	50	„	2³/₄	—	17,6 [1]
3	„	„	2¹/₂	—	19,9 [1]
4	„	„	5¹/₄	23,6	23,1

Tabelle 47.
Fraktionierte Lösung von Nr. 47
(93,2 g vom Schmp. 17—17,9°).

1	100	0	2¹/₂	—	16,9 [1]
2	50	„	2³/₄	—	17,7 [1]
3	„	„	2¹/₂	—	18,2 [1]
4	„	„	„	20,9	19,8
5	„	„	3	23,6	23,1
6	25	„	2¹/₄	25,2	25,1
7	„	„	2¹/₂	27,9	27,1
8	„	„	2¹/₄	29,1	28,7
9	„	„	„	30,0	29,5
10	„	„	„	31,1	30,9

Tabelle 48.
Fraktionierte Lösung von Nr. 48
(18,8 g vom Schmp. 18—18,9°).

1	25	0	2¹/₂	—	17,8 [1]
2	„	„	3	—	19,6 [1]
3	„	„	„	20,1	19,1
4	„	„	2¹/₂	23,2	23,0
5	„	„	„	28,2	27,2

[1]) Nach Polenske bestimmt; die Schmelzröhrchen hatten vor der Bestimmung 48 Stunden auf Eis gelegen.

Tabelle 49.
Fraktionierte Lösung von Nr. 49
(10,2 g vom Schmp. 19—19,9°).

1	15	0	2	—	17,0 [1]
2	„	„	„	—	18,3 [1]
3	„	„	„	—	19,8 [1]
4	„	0—2	„	22,8	22,1
5	„	0	„	24,3	24,1
6	„	„	„	27,2	26,8
7	„	„	„	29,9	29,8

Tabelle 50.
Fraktionierte Lösung von Nr. 50
(9,7 g vom Schmp. 20—20,9°).

1	15	0	2	—	17,1 [1]
2	„	„	„	—	18,2 [1]
3	„	„	„	—	19,8 [1]
4	„	0—2	„	22,8	22,1
5	„	0	„	23,1	22,9
6	„	„	„	23,4	22,9
7	„	„	„	25,1	25,0
8	25	0—2	„	26,2	26,0
9	„	0	„	30,1	28,1
10	„	„	„	33,1	29,2
11	„	„	„	34,5	30,1

Tabelle 51.
Fraktionierte Lösung von Nr. 51
(7,7 g vom Schmp. 21—21,9°).

1	10	0	2	—	16,8 [1]
2	„	„	„	—	18,1 [1]
3	„	„	„	—	19,3 [1]
4	„	0—2	„	20,0	19,2
5	15	0	„	22,3	21,8
6	„	„	„	24,1	23,5
7	„	„	„	25,0	24,8
8	25	0—2	„	26,2	25,9
9	„	0	„	28,3	27,0
10	„	„	„	34,5	30,0
11	„	„	„	35,5	30,3
12	„	„	„	35,1	30,2

[1]) Vergl. die Anmerkung zu Tabelle 45.

— 31 —

Nr. der Krystallisation	Menge des Lösungsmittels (Aceton) cem	Krystallisations-		Schmelzpunkte der Glyceride der Mutterlaugen	
		Temperatur °C	Dauer Stdn.	aus Lösung krystallisierte Glyceride °C	aus Schmelzfluß erstarrte Glyceride °C

Tabelle 52
Fraktionierte Lösung von Nr. 52
(3,3 g vom Schmp. 22—22,9°).

1	10	0	2	—	18,8[1]
2	,,	,,	,,	20,2	19,2
3	,,	,,	,,	22,3	21,8
4	,,	0—2	,,	23,5	23,1
5	15	0	,,	24,5	24,2
6	,,	,,	,,	27,0	26,8
7	,,	,,	,,	29,8	29,0

Tabelle 53.
Fraktionierte Lösung von Nr. 53
(10,0 g vom Schmp. 23—23,9°.)

1	20	0	1½	—	18 8[1]
2	,,	,,	1	21,0	20,1
3	,,	,,	,,	22,1	20,9
4	30	,,	,,	23,2	22,5
5	,,	,,	,,	25,1	24,2
6	,,	,,	,,	26,2	25,9
7	40	,,	,,	27,2	27,0
8	,,	,,	,,	28,5	28,3
9	,,	,,	,,	30,0	29,9
10	,,	,,	,,	31,2	31,1

Tabelle 54.
Fraktionierte Lösung von Nr. 54
(4,7 g vom Schmp. 24—24,9°).

1	10	0	1½	—	18,8[1]
2	,,	,,	1	21,2	20,3
3	,,	,,	,,	22,0	21,1
4	20	,,	,,	23,2	22,5
5	,,	,,	,,	25,1	24,2
6	,,	,,	,,	26,2	25,9
7	25	,,	,,	27,2	26,9
8	,,	,,	,,	28,5	28,2
9	,,	,,	,,	29,9	29,8
10	,,	,,	,,	31,5	31,3

Tabelle 55.
Fraktionierte Lösung von Nr. 55
(10,6 g vom Schmp. 25—25,9°).

1	20	0	1½	—	18,8[1]
2	,,	,,	1	21,1	20,2
3	25	,,	,,	22,9	21,9
4	35	,,	,,	23,2	22,5
5	,,	,,	,,	24,3	23,9
6	40	,,	,,	25,7	25,1
7	50	,,	,,	26,7	26,0
8	,,	,,	,,	28,1	27,9
9	,,	,,	,,	29,0	28,9
10	,,	,,	,,	30,0	29,9
11	,,	,,	,,	30,1	30,0
12	,,	,,	,,	31,1	31,0
13	,,	,,	,,	32,1	31,8

Tabelle 56.
Fraktionierte Lösung von Nr. 56
(8,7 g vom Schmp. 26—26,9°).

1	20	0	1½	20,0	19,0
2	,,	,,	1	22,8	21,9
3	25	,,	,,	23,9	22,9
4	35	,,	,,	24,5	24,0
5	,,	,,	,,	25,5	25,0
6	40	,,	,,	26,3	26,0
7	50	,,	,,	27,3	26,9
8	,,	,,	,,	28,1	27,9
9	,,	,,	,,	29,2	29,1
10	,,	,,	,,	30,2	30,1
11	,,	,,	,,	31,5	31,3
12	,,	,,	,,	32,0	31,8

Tabelle 57.
Fraktionierte Lösung von Nr. 57
(5,2 g vom Schmp. 27—27,9°).

1	25	0	1	22,5	22,1
2	,,	,,	,,	24,1	24,0
3	40	,,	,,	26,1	25,5
4	,,	,,	,,	26,9	26,5

[1]) Vergl. die Anmerkung zu Tabelle 45.

[1]) Vergl. die Anmerkung zu Tabelle 45.

Nr. der Krystallisation	Menge des Lösungsmittels (Aceton) ccm	Krystallisations-		Schmelzpunkte der Glyceride der Mutterlaugen		Nr. der Krystallisation	Menge des Lösungsmittels (Aceton) ccm	Krystallisations-		Schmelzpunkte der Glyceride der Mutterlaugen	
		Temperatur °C	Dauer Stdn.	aus Lösung krystallisierte Glyceride °C	aus Schmelzfluß erstarrte Glyceride °C			Temperatur °C	Dauer Stdn.	aus Lösung krystallisierte Glyceride °C	aus Schmelzfluß erstarrte Glyceride °C
5	40	0	1	28,2	27,9	8	75	0	1	32,0	31,1
6	,,	,,	,,	29,1	28,4	9	,,	,,	,,	32,1	31,1 [1]
7	,,	,,	,,	30,0	29,3	10	,,	,,	,,	32,5	31,9
8	,,	,,	,,	30,9	30,2						
9	,,	,,	,,	32,0	31,1						
10	,,	,,	,,	32,5	31,7						
11	,,	,,	,,	32,9	32,0						
12	,,	,,	,,	33,1	33,0						

Tabelle 58.
Fraktionierte Lösung von Nr. 58
(3,5 g vom Schmp. 28—28,9°).

1	25	0	1	24,0	23,3
2	,,	,,	,,	25,5	25,3
3	40	,,	,,	28,3	28,0
4	,,	,,	,,	29,1	28,9
5	,,	,,	,,	30,8	29,9
6	,,	,,	,,	32,1	31,8

Tabelle 59.
Fraktionierte Lösung von Nr. 59
(6,4 g vom Schmp. 29—29,9°).

1	50	0	1	25,1	25,0
2	,,	,,	,,	26,0	25,8
3	75	,,	,,	28,2	28,0
4	,,	,,	,,	30,2	29,1
5	,,	,,	,,	30,8	29,9
6	,,	,,	,,	31,0	30,2
7	,,	,,	,,	32,1	31,1
8	,,	,,	,,	33,0	32,6

Tabelle 60.
Fraktionierte Lösung von Nr. 60
(5,4 g vom Schmp. 30—30,9°).

1	50	0	1	26,1	26,0
2	,,	,,	,,	26,6	26,3
3	75	,,	,,	28,3	28,0
4	,,	,,	,,	30,1	29,0
5	,,	,,	,,	32,8	30,0
6	,,	,,	,,	33,1	30,2
7	,,	,,	,,	33,8	30,8

Tabelle 61.
Fraktionierte Lösung von Nr. 61
(20,0 g vom Schmp. 31—31,9°).

1	100	0—1	1	27,8	27,3 [2]
2	,,	,,	,,	28,3	28,0 [2]
3	,,	,,	,,	31,2	29,2 [2]
4	,,	,,	,,	31,0	29,0 [2]
5	,,	,,	,,	32,1	29,8 [2]
6	,,	,,	,,	32,2	30,5 [2]
7	,,	,,	,,	31,0—33,1	30,3 [2]
8	,,	,,	,,	30,9	30,5 [2]
9	,,	,,	,,	30,7	30,2
10	,,	,,	,,	31,2	31,0
11	150	,,	,,	32,1	31,5
12	,,	,,	,,	32,0	31,5
13	,,	,,	,,	32,2	31,9
14	,,	,,	,,	32,1	32,0
15	,,	,,	,,	32,2	32,0
16	,,	,,	,,	32,2	31,9
17	,,	,,	,,	32,2	31,8
18	,,	,,	,,	32,3	32,0
19	,,	,,	,,	32,9	32,0
20	,,	,,	,,	32,4	32,1
21	,,	,,	,,	32,2	32,0
22	,,	,,	,,	32,2	32,0
23	,,	,,	,,	33,0	32,5

[1] Krystalle der 9. Krystallisation wurden versehentlich teilweise zu denen der 9. Krystallisation von Fraktion Nr. 57 gegeben.

[2] Die Glyceride aus den Mutterlaugen Nr. 1 bis 8 sind durch Verdunsten einer geringen Menge auf einem Uhrglase bei 0° abgeschieden, die der übrigen Mutterlaugen in gleicher Weise bei 15—16°.

Tabelle 62.
Fraktionierte Lösung von Nr. 62
(8,7 g vom Schmp. 32—32,4°).

Nr. der Krystallisation	Menge des Lösungsmittels (Aceton) ccm	Krystallisations- Temperatur °C	Krystallisations- Dauer Stdn.	Schmelzpunkte der Glyceride der Mutterlaugen aus Lösung krystallisierte Glyceride °C	Schmelzpunkte der Glyceride der Mutterlaugen aus Schmelzfluß erstarrte Glyceride °C
1	50	0—1	1	30,0	29,3 [1]
2	,,	,,	,,	30,8	29,9 [1]
3	,,	,,	,,	31,0	30,2 [1]
4	,,	,,	,,	30,8	30,1 [1]
5	,,	,,	,,	32,9	30,9 [1]
6	,,	,,	,,	33,2	31,0 [1]
7	,,	,,	,,	31,5—33,1	31,1 [1]
8	,,	,,	,,	31,9	31,1
9	,,	,,	,,	31,6	31,1
10	,,	,,	,,	31,9	31,1
11	75	,,	,,	32,1	31,5
12	,,	,,	,,	32,0	31,5
13	,,	,,	,,	32,1	31,7
14	,,	,,	,,	32,2	31,9
15	,,	,,	,,	32,2	32,0
16	,,	,,	,,	32,2	31,9
17	,,	,,	,,	32,3	31,9
18	,,	,,	,,	32,3	32,1
19	100	,,	,,	32,5	32,1
20	,,	,,	,,	33,0	32,3
21	,,	,,	,,	33,1	32,1
22	,,	,,	,,	32,9	32,1
23	,,	,,	,,	33,0	32,5

Tabelle 63.
Fraktionierte Lösung von Nr. 63
(8,1 g vom Schmp. 32,5—32,9.)

Nr.	ccm	°C	Stdn.	°C	°C
1	50	0—1	1	30,0	29,3 [1]
2	,,	,,	,,	30,8	30,0 [1]
3	,,	,,	,,	31,0	30,2 [1]
4	,,	,,	,,	30,5	30,0 [1]
5	,,	,,	,,	31,2—33,2	31,0 [1]
6	,,	,,	,,	31,2—33,2	31,0 [1]
7	,,	,,	,,	31,2—33,1	31,1 [1]
8	,,	,,	,,	32,0—33,2	31,1 [1]
9	,,	,,	,,	31,6	31,1
10	,,	,,	,,	31,9	31,2
11	75	,,	,,	32,1	31,5
12	,,	,,	,,	32,0	31,8
13	,,	,,	,,	32,2	31,9

[1]) Vergl. die Anmerkung zu Tabelle 61.

14	75	0—1	1	32,2	31,9
15	,,	,,	,,	32,5	32,1
16	,,	,,	,,	32,3	31,9
17	,,	,,	,,	32,8	32,0
18	,,	,,	,,	33,0	32,2
19	100	,,	,,	32,8	31,8
20	,,	,,	,,	33,0	32,2
21	,,	,,	,,	33,1	32,8

Tabelle 64.
Fraktionierte Lösung von Nr. 64
(40,0 g vom Schmp. 33—33,4°).

Nr.	ccm	°C	Stdn.	°C	°C
1	150	0—1	1	31,1	30,2 [1]
2	,,	,,	,,	32,1	31,1 [1]
3	200	,,	,,	33,0	31,5 [1] [2]
4	,,	,,	,,	33,5	31,7 [1]
5	,,	,,	,,	33,2	31,9 [1] [2]
6	,,	,,	,,	33,2	31,5 [1] [2]
7	,,	,,	,,	33,0	32,1
8	,,	,,	,,	33,0	32,0
9	,,	,,	,,	33,0	32,1
10	,,	,,	,,	33,0	32,1
11	300	,,	,,	33,1	32,8
12	,,	,,	,,	33,1	32,9
13	,,	,,	,,	33,1	32,8
14	,,	,,	,,	33,2	32,5
15	,,	,,	,,	33,1	32,5
16	,,	,,	,,	33,1	32,2
17	,,	,,	,,	33,2	32,2
18	,,	,,	,,	33,1	32,3
19	,,	,,	,,	33,9	33,0
20	,,	,,	,,	34,5	33,5
21	,,	,,	,,	35,1	35,0

[1]) Vergl. die Anmerkung zu Tabelle 61.
[2]) Die Fraktionen Nr. 3, 5 und 6 wurden mit den Fraktionen 7 von Nr. 61, 6 und 7 von Nr. 62 und 5—8 von Nr. 63 vereinigt und aus Alkohol bei 0° umgefällt; Schmelzpunkt nach dem Umfällen: 31,5 bezw. 31,0. Die bei diesen Fraktionen zuerst gefundenen höheren Schmelzpunkte sind daher wahrscheinlich auf Beimischung von geringen Wassermengen infolge der Krystallisation bei 0° zurückzuführen.

Tabelle 65.
Fraktionierte Lösung von Nr. 65
(11,4 g vom Schmp. 33,5—33,9°).

Nr. der Krystallisation	Menge des Lösungsmittels (Aceton) ccm	Krystallisations-Temperatur °C	Dauer Stdn.	Schmelzpunkte der Glyceride der Mutterlaugen aus Lösung krystallisierte Glyceride °C	aus Schmelzfluß erstarrte Glyceride °C
1	100	0—1	1	28,1	28,0
2	,,	,,	,,	30,4	30,0
3	,,	,,	,,	31,5	31,1
4	,,	,,	,,	32,2	31,3
5	,,	,,	,,	32,3	31,9
6	,,	,,	,,	32,2	32,0
7	,,	,,	,,	32,2	32,0
8	,,	,,	,,	32,8	32,0
9	,,	,,	,,	32,7	32,0
10	,,	,,	,,	32,9	32,0
11	,,	,,	,,	32,8	32,0
12	,,	,,	,,	32,9	32,0
13	,,	,,	,,	32,9	32,0
14	,,	,,	,,	33,0	32,1
15	,,	,,	,,	33,0	32,1
16	150	,,	,,	33,0	32,2
17	,,	,,	,,	33,1	32,3
18	,,	,,	,,	33,0	32,2
19	,,	,,	,,	33,1	32,2
20	,,	,,	,,	33,0	32,8
21	,,	,,	,,	33,0	32,8
22	,,	,,	,,	33,2	33,0
23	,,	,,	,,	33,4	33,0
24	,,	,,	,,	34,2	34,0

Tabelle 66.
Fraktionierte Lösung von Nr. 66
(6,2 g vom Schmp. 34—34,4°).

Nr.	ccm	°C	Stdn.	°C	°C
1	100	0—1	1	29,8	29,2
2	,,	,,	,,	32,1	31,9
3	,,	,,	,,	32,3	32,0
4	,,	,,	,,	33,1	33,0
5	,,	,,	,,	33,5	33,3
6	,,	,,	,,	33,8	33,3
7	,,	,,	,,	34,0	33,7
8	,,	,,	,,	34,0	33,8
9	,,	,,	,,	34,1	33,9
10	,,	,,	,,	34,1	33,8
11	,,	,,	,,	34,1	33,8
12	100	0—1	1	34,2	33,8
13	,,	,,	,,	34,2	33,8
14	,,	,,	,,	34,2	33,8
15	,,	,,	,,	34,2	33,7
16	125	,,	,,	34,1	33,3
17	,,	,,	,,	34,2	33,5
18	,,	,,	,,	34,2	33,7
19	,,	,,	,,	35,2	35,0

Tabelle 67.
Fraktionierte Lösung von Nr. 67
(10,2 g vom Schmp. 34,5—34,9°).

Nr.	ccm	°C	Stdn.	°C	°C
1	100	0—1	1	31,1	30,9
2	,,	,,	,,	32,1	31,5
3	,,	,,	,,	32,8	31,9
4	,,	,,	,,	33,1	32,5
5	,,	,,	,,	32,2	32,0
6	,,	,,	,,	33,0	32,5
7	,,	,,	,,	33,0	32,5
8	,,	,,	,,	33,1	32,9
9	,,	,,	,,	33,1	32,7
10	,,	,,	,,	33,1	32,9
11	,,	,,	,,	33,1	32,9
12	,,	,,	,,	33,2	32,9
13	,,	,,	,,	33,2	32,8
14	,,	,,	,,	33,1	32,8
15	,,	,,	,,	33,1	32,9
16	150	,,	,,	33,1	32,8
17	,,	,,	,,	33,1	32,8
18	,,	,,	,,	33,5	33,0
19	,,	,,	,,	33,1	32,9
20	,,	,,	,,	33,8	33,1
21	,,	,,	,,	33,7	33,1
22	,,	,,	,,	33,8	33,2
23	,,	,,	,,	34,0	33,5
24	,,	,,	,,	34,2	33,8
25	,,	,,	,,	34,8	34,1
26	200	,,	,,	35,2	35,0
27	,,	,,	,,	37,1	36,9

Tabelle 68.
Fraktionierte Lösung von Nr. 68 (11,0 g vom Schmp. 35—35,9°).

Nr. der Krystallisation	Menge des Lösungsmittels (Aceton) ccm	Krystallisations-Temperatur °C	Dauer Stdn.	Schmelzpunkte der Glyceride der Mutterlaugen aus Lösung krystallisierte Glyceride °C	aus Schmelzfluß erstarrte Glyceride °C
1	100	0—1	1	30,8	30,3
2	,,	,,	,,	32,8	32,3
3	,,	,,	,,	32,8	32,0
4	,,	,,	,,	33,1	33,0
5	,,	,,	,,	32,9	32,5
6	,,	,,	,,	33,1	33,0
7	,,	,,	,,	33,1	33,0
8	,,	,,	,,	33,1	33,0
9	,,	,,	,,	33,2	33,0
10	,,	,,	,,	33,2	33,1
11	,,	,,	,,	33,2	33,1
12	,,	,,	,,	33,2	33,1
13	,,	,,	,,	33,8	33,2
14	,,	,,	,,	33,8	33,1
15	,,	,,	,,	33,5	33,1
16	150	,,	,,	33,2	33,0
17	,,	,,	,,	33,2	33,0
18	,,	,,	,,	33,8	33,1
19	,,	,,	,,	33,8	33,2
20	,,	,,	,,	34,0	33,7
21	,,	,,	,,	34,2	33,9
22	,,	,,	,,	34,2	34,0
23	,,	,,	,,	34,7	34,0
24	,,	,,	,,	34,3	34,0
25	,,	,,	,,	34,7	34,0
26	200	,,	,,	34,3	34,1
27	,,	,,	,,	35,0	34,8
28	,,	,,	,,	35,2	35,0
29	,,	,,	,,	36,1	35,8
30	,,	,,	,,	37,1	37,0
31	,,	,,	,,	38,7	38,5

Tabelle 69.
Fraktionierte Lösung von Nr. 69 (12,3 g vom Schmp. 36—36,9°).

Nr. der Krystallisation	Menge des Lösungsmittels (Aceton) ccm	Krystallisations-Temperatur °C	Dauer Stdn.	Schmelzpunkte der Glyceride der Mutterlaugen aus Lösung krystallisierte Glyceride °C	aus Schmelzfluß erstarrte Glyceride °C
1	100	0—1	1	31,4	31,0
2	,,	,,	,,	32,2	31,8
3	,,	,,	,,	32,8	32,0
4	,,	,,	,,	32,9	32,2
5	100	0—1	1	32,9	32,1
6	,,	,,	,,	32,9	32,1
7	,,	,,	,,	32,2	32,0
8	,,	,,	,,	33,2	31,1
9	,,	,,	,,	33,1	32,5
10	,,	,,	,,	33,0	32,8
11	,,	,,	,,	33,1	32,7
12	,,	2—3	,,	33,1	32,7
13	,,	,,	,,	33,2	33,0
14	,,	,,	,,	33,2	33,1
15	,,	,,	,,	33,3	33,2
16	,,	,,	,,	33,6	33,2
17	,,	4—5	,,	33,9	33,2
18	,,	6—7	,,	34,0	33,8
19	,,	7—8	,,	34,1	33,8
20	,,	8—9	,,	34,2	33,9
21	,,	9—10	,,	34,2	34,1
22	,,	10—11	,,	36,9	33,9
23	,,	,,	,,	36,8	36,1
24	,,	,,	,,	37,2	37,0

Tabelle 70.
Fraktionierte Lösung von Nr. 70 (8,5 g vom Schmp. 37—37,9°).

Nr. der Krystallisation	Menge des Lösungsmittels (Aceton) ccm	Krystallisations-Temperatur °C	Dauer Stdn.	Schmelzpunkte der Glyceride der Mutterlaugen aus Lösung krystallisierte Glyceride °C	aus Schmelzfluß erstarrte Glyceride °C
1	100	0—1	1	31,2	31,0
2	,,	,,	,,	32,9	32,2
3	,,	,,	,,	33,2	32,9
4	,,	,,	,,	33,2	33,2
5	,,	,,	,,	33,2	33,1
6	,,	,,	,,	33,3	33,1
7	,,	,,	,,	33,5	33,1
8	,,	,,	,,	33,9	33,8
9	,,	,,	,,	34,2	33,7
10	,,	,,	,,	34,0	33,7
11	,,	,,	,,	34,2	34,0
12	,,	2—3	,,	34,9	34,3
13	,,	,,	,,	34,8	34,5
14	,,	,,	,,	35,1	34,8
15	,,	,,	,,	35,2	35,0
16	,,	,,	,,	35,2	35,0
17	,,	4—5	,,	35,1	35,0
18	,,	6—7	,,	35,2	35,0

— 36 —

Nr. der Krystallisation	Menge des Lösungsmittels (Aceton) ccm	Krystallisations- Temperatur °C	Dauer Stdn.	Schmelzpunkte der Glyceride der Mutterlaugen aus Lösung krystallisierte Glyceride °C	aus Schmelzfluß erstarrte Glyceride °C	Nr. der Krystallisation	Menge des Lösungsmittels (Aceton) ccm	Krystallisations- Temperatur °C	Dauer Stdn.	Schmelzpunkte der Glyceride der Mutterlaugen aus Lösung krystallisierte Glyceride °C	aus Schmelzfluß erstarrte Glyceride °C
19	100	7—8	1	35,2	35,0	19	100	7—8	1	37,6	37,5
20	„	8—9	„	36,0	35,2	20	„	8—9	„	37,2	37,2
21	„	9—10	„	37,1	36,0	21	„	9—10	„	37,2	37,1
22	„	10—11	„	37,2	37,0	22	„	10—11	„	38,2	37,1
23	„	„	„	38,2	38,0	23	„	„	„	38,2	37,8
						24	„	„	„	40,8	38,9

Tabelle 71.
Fraktionierte Lösung von Nr. 71
(6,6 g vom Schmp. 38—38,9°).

1	100	0—1	1	35,8	35,3
2	„	„	„	36,6	36,2
3	„	„	„	37,1	36,2
4	„	„	„	37,0	36,7
5	„	„	„	37,0	36,8
6	„	„	„	37,1	36,8
7	„	„	„	37,0	36,7
8	„	„	„	37,8	36,9
9	„	„	„	37,9	36,9
10	„	„	„	37,1	37,0
11	„	„	„	38,0	37,1
12	„	2—3	„	37,9	37,0
13	„	„	„	37,1	37,0
14	„	„	„	37,2	37,0
15	„	„	„	37,2	37,0
16	„	„	„	37,2	37,1
17	„	4—5	„	37,2	37,1
18	„	6—7	„	37,2	37,1

Tabelle 72.
Fraktionierte Lösung von Nr. 72
(1.3 g vom Schmp. 39 - 39,9°).

1	50	0—1	1	36,8	36,2
2	„	„	„	37,9	37,8
3	„	„	„	38,9	38,1
4	„	„	„	38,1	37,9
5	„	„	„	38,0	37,8
6	„	„	„	38,0	37,8
7	„	„	„	38,1	38,0
8	75	„	„	38,8	38,0
9	„	„	„	38,2	38,0
10	„	„	„	38,1	37,2
11	„	„	„	38,1	38,0
12	„	„	„	38,2	38,0
13	„	„	„	38,1	38,0
14	„	„	„	38,3	38,1
15	„	„	„	39,2	39,1

Bei der vorstehenden dritten fraktionierten Lösung der Fraktionen Nr. 45—48 zeigten die ersten Mutterlaugenfraktionen wieder einen bei 15° oder etwas darüber liegenden Schmelzpunkt; es wurde also auch durch die dritte fraktionierte Krystallisation kein unter 14,9° schmelzendes Glycerid erhalten. Dies deutet darauf hin, daß in den beiden ersten bei rund 15° schmelzenden Fraktionen von Nr. 45 mit den Schmelzpunkten 14,9° und 15,1° ein einheitliches Glycerid (I) vorlag. In den ersten Fraktionen von Nr. 46—51 mit den Schmelzpunkten 16,8—17,8° dagegen war dieses Glycerid anscheinend noch mehr oder weniger mit dem nächst höher schmelzenden Glyceride verunreinigt.

Auch bei der dritten fraktionierten Lösung wurde ferner wieder eine große Reihe von Fraktionen mit einem Schmelzpunkt von rund 33° erhalten, namentlich bei der fraktionierten Lösung von Nr. 64, 65, 67, 68 und 69. Es deuten also auch diese Ergebnisse der dritten fraktionierten Lösung darauf hin, daß in den um 33⁰ schmelzenden Fraktionen ein zweites einheitliches Glycerid (II) des Cocosfettes vorliegt.

Die auf Grund der Ergebnisse der zweiten fraktionierten Lösung ausgesprochene Vermutung, daß wahrscheinlich noch ein drittes Glycerid (III) mit einem Schmelzpunkt um 38⁰ vorhanden sei, ist bei der dritten fraktionierten Lösung zur Gewißheit geworden. So weist die fraktionierte Lösung von Nr. **71** und **72** eine Reihe von Fraktionen mit den Schmelzpunkten 37—38⁰ auf.

Die einzelnen Mutterlaugenfraktionen der dritten fraktionierten Lösung wurden wiederum nach Maßgabe der Schmelzpunkte ihrer aus Lösung krystallisierten Glyceride von 0,5 zu 0,5⁰ zu den Fraktionen Nr. **73—118** vereinigt und zunächst gereinigt. Bei der Reinigung der Fraktionen Nr. **73—101** ist in gleicher Weise wie bei der ersten und zweiten fraktionierten Lösung verfahren worden. Die Fraktionen Nr. **100** und **101** wurden in der gleichen Weise gereinigt und außerdem noch aus Alkohol bei 0⁰ umgefällt; die folgenden Fraktionen Nr. **102—118** wurden nur durch Umfällen aus Alkohol bei 0⁰ gereinigt. Dabei wurde in folgender Weise verfahren:

Die Fraktionen wurden getrocknet, gewogen und dann mit heißem Wasser übergossen. Dadurch wurde der größte Teil der aus dem Aceton herrührenden Verunreinigungen bereits entfernt. Nachdem das Glyceridgemisch beim Erkalten zu einem Fettkuchen erstarrt war, wurde die wässerige Schicht durch ein Filter abgegossen, der Fettkuchen mit kaltem Wasser gewaschen, aufs Filter gebracht, das Filter mit Alkohol befeuchtet und die Glyceride im Dampftrockenschranke in ein Becherglas filtriert; das Filter wurde mit heißem Alkohol ausgewaschen. Die Glyceride wurden sodann in heißem Alkohol gelöst, und zwar in einer solchen Menge, daß beim Abkühlen bis auf den Schmelzpunkt der betreffenden Fraktion noch keine Ausscheidung erfolgte, um so zu verhindern, daß die Glyceride sich im geschmolzenen Zustande als Tropfen ausschieden. Die alkoholischen Lösungen wurden zunächst bei Zimmertemperatur der Krystallisation überlassen, sodann etwa 1 Stunde in Wasser von 0⁰ gestellt, bei welcher Temperatur die Ausscheidung der Glyceride nahezu vollständig war. Die abgeschiedenen Krystalle wurden auf einer Witt'schen Platte abfiltriert, die Mutterlauge möglichst abgesaugt, die Krystalle in ein Becherglas gegeben und mit kaltem Alkohol verrührt, um den Rest der Mutterlauge zu entfernen. Nach einstündigem Stehen bei 0⁰ wurde abermals filtriert. Von den ausgeschiedenen Krystallen wurde, nachdem der Alkohol bei Zimmertemperatur vollständig verdunstet war, der Schmelzpunkt bestimmt. Die in Tabelle 74 angegebenen Schmelzpunkte sind sämtlich in den auf diese Weise gewonnenen Glyceriden bestimmt.

Wie man sieht, sind die Schmelzpunkte nach dem Umfällen bei fast allen Fraktionen beträchtlich gestiegen. Die niedrigeren Schmelzpunkte vor der Reinigung durch Umfällen aus Alkohol könnten durch die Verunreinigungen aus dem Aceton bedingt sein, vielleicht aber auch durch die Art der Abscheidung der Glyceride aus den Mutterlaugen. Diese Abscheidung wurde bei den Einzelfraktionen durch Verdunstenlassen eines Teils der Mutterlauge auf einem Uhrglase bewirkt. Es erscheint nicht ausgeschlossen, daß hierbei zum Teil die sog. labilen Modifikationen der Glyceride mit den niedrigeren Schmelzpunkten (Umwandlungspunkt) entstanden sind.

Von den durch Umfällen aus Alkohol gereinigten Glyceriden wurden die Schmelzpunkte bestimmt und zwar bei den unter 30⁰ schmelzenden Fraktionen nach dem

Polenske'schen Verfahren, nachdem die geschmolzenen Glyceride 48 Stunden auf Eis gelegen hatten.

Die so gewonnenen Ergebnisse dieser dritten fraktionierten Lösung sind in den Tabellen 73 und 74 zusammengestellt.

Tabelle 73. | Tabelle 74.

Fraktion Nr.	Schmelzpunkte der Einzelfraktionen °C	Gewicht der neuen Fraktionen g	Schmelzpunkte der gereinigten Fraktionen (n. Polenske bestimmt) °C	Fraktion Nr.	Schmelzpunkte der Einzelfraktionen °C	Gewicht der neuen Fraktionen g	Schmelzpunkte (und Umwandlungspunkte) der gereinigten Fraktionen. (Im Kapillarrohr, wie gewöhnlich, bestimmt)	
							Aus Lösung krystallis. Glyceride °C	Aus Schmelzfluß erstarrte Glyceride °C
73	14,9—15,4	84,0	15,0	100	30,0—30,4	6,9	30,8	(—) 29,9
74	16,5—16,9	69,0	17,0	101	30,5—30,9	6,0	32,1	(—) 30,2
75	17,0—17,4	34,7	17,5	102	31,0—31,4	5,2	33,0	(15) 31,3
76	17,5—17,9	82,4	17,8	103	31,5—31,9	14,3	33,3	(15) 32,1
77	18,0—18,4	22,9	18,4	104	32,0—32,4	17,9	33,8	(16) 32,3
78	18,5—18,9	3,3	18,4	105	32,5—32,9	8,2	34,1	(16) 32,8
79	19,0—19,4	1,4	20,0	106	33,0—33,4	48,8	34,2	(16) 33,0
80	19,5—19,9	16,3	20,1	107	33,5—33,9	6,5	35,0	(—) 33,1
81	20,0—20,4	3,1	21,2	108	34,0—34,4	10,6	36,1	(—) 33,7
82	20,5—20,9	4,7	21,2	109	34,5—34,9	2,6	36,9	(—) 34,0
83	21,0—21,4	4,2	21,0	110	35,0—35,4	4,5	37,0	(—) 35,0
84	22,0—22,4	2,8	22,1	111	35,5—35,9	0,03	37,9	(—) 36,8
85	22,5—22,9	4,0	22,1	112	36,0—36,4	1,0	38,2	(—) 35,7
86	23,0—23,4	4,9	23,1	113	36,5—36,9	3,0	38,1	(—) 35,5
87	23,5—23,9	3,3	23,8	114	37,0—37,4	5,2	38,2	(—) 36,8
88	24,0—24,4	2,9	23,8	115	37,5—37,9	0,8	38,8	(—) 37,1
89	24,5—24,9	1,4	24,1	116	38,0—38,4	3,2	39,8	(25,5) 37,8
90	25,0—25,4	3,8	24,4	117	38,5—38,9	0,4	40,0	(26,0) 38,1
91	25,5—25,9	1,3	25,0	118	39,0—39,4	0,1	41,1	(27,5) 39,9
92	26,0—26,4	6,4	25,1	—	39,5—39,9	0	—	—
93	26,5—26,9	2,1	26,2	—	40,0 u. höher	0,1	—	—
94	27,0—27,4	2,1	27,0					
95	27,5—27,9	1,9	27,6					
96	28,0—28,4	6,8	28,0					
97	28,5—28,9	0,8	28,5					
98	29,0—29,4	2,3	29,0					
99	29,5—29,9	3,9	29,3					

In der nachfolgenden Tafel sind die Mengenergebnisse der ersten, zweiten und dritten fraktionierten Lösung auf Grund der in den Tabellen 27, 44, 73 und 74 angegebenen Zahlen graphisch dargestellt. Die Eintragungen für die Schmelzpunkte sind hierbei von Grad zu Grad erfolgt. Bei der ersten fraktionierten Lösung, bei der die Einzelfraktionen der Mutterlaugen nicht immer von Grad zu Grad, sondern teilweise zu mehreren Graden vereinigt wurden, ist, um untereinander vergleichbare Werte zu erhalten, so verfahren, daß das Gewicht der Fraktionen durch die Anzahl Grade, über welche sie sich verteilen, dividiert wurde. Der so erhaltene Wert wurde in die graphische Tafel gesetzt. Hieraus erklärt sich der streckenweise horizontale Verlauf der Kurve. Umgekehrt sind bei denjenigen Ergebnissen der Tabellen 73 und 74 und zum Teil auch der Tabelle 44, bei denen die Schmelzpunktsintervalle nur 0,5° betrugen, je zwei Fraktionen vereinigt worden. Aus der graphischen Darstellung geht deutlich hervor, daß bei den fraktionierten Lösungen in dem Destillate des Cocosfettes mindestens zwei verschiedene Glyceride vorhanden sind, von denen das eine (Glycerid I) bei 15—18° schmilzt und in größter Menge vorhanden ist, während das andere (Glycerid II) zwischen etwa 33 und 34° schmilzt. Endlich deutet das geringe Ansteigen der Kurve zwischen 38 und 39° auch noch auf ein drittes, allerdings nur in geringerer Menge vorhandenes Glycerid (III) hin.

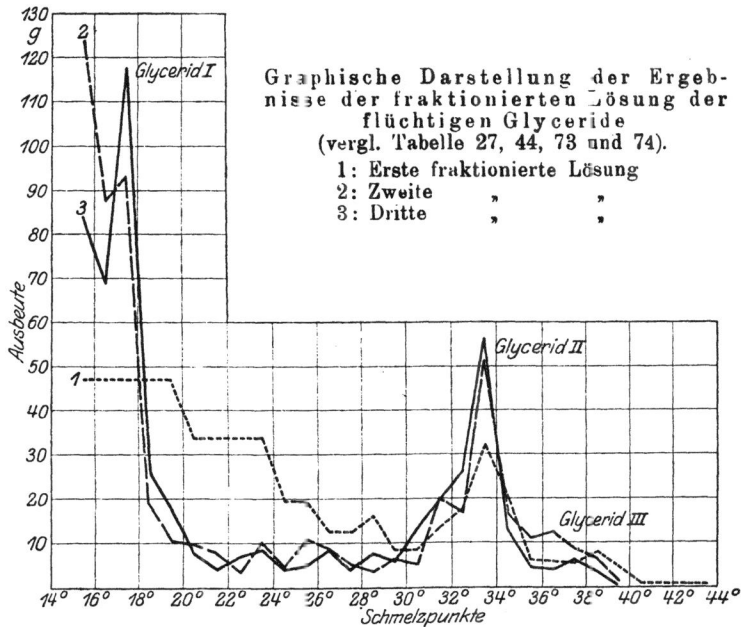

Graphische Darstellung der Ergebnisse der fraktionierten Lösung der flüchtigen Glyceride
(vergl. Tabelle 27, 44, 73 und 74).
1: Erste fraktionierte Lösung
2: Zweite „ „
3: Dritte „ „

Reindarstellung der Glyceride II und III.

Zwecks Reindarstellung der Glyceride II und III und zur Gewinnung weiterer Mengen dieser Glyceride aus den höher und niedriger schmelzenden Fraktionen wurden die Fraktionen Nr. **100—110, 113, 114** und **116** in heißem Alkohol gelöst und die Lösung bei Zimmertemperatur der Krystallisation überlassen. Nach mehrstündiger Krystallisation wurden die abgeschiedenen Krystalle abfiltriert, und die Mutterlauge bei 0° der Krystallisation überlassen. Die bei Zimmertemperatur abgeschiedenen Krystalle wurden wieder in heißem Alkohol gelöst und die Behandlung in derselben Weise je nach der Größe der betreffenden Fraktion zwei- bis sechsmal wiederholt.

Von den bei 0° abgeschiedenen Krystallen wurde der Schmelzpunkt bestimmt. Sie stellen die einzelnen Unterfraktionen dar. Die letzte Unterfraktion jeder Reihe bilden die letzten bei Zimmertemperatur abgeschiedenen Krystalle, von denen gleichfalls der Schmelzpunkt bestimmt wurde.

Die Ergebnisse waren folgende:

— 40 —

Tabelle 75.

Fraktion	Menge des Lösungsmittels (Alkohol) ccm	Krystallisations- Temperatur °C	Dauer Stdn.	Schmelzpunkte der bei 0° auskrystallisierten Glyceride		Fraktion	Menge des Lösungsmittels (Alkohol) ccm	Krystallisations- Temperatur °C	Dauer Stdn.	Schmelzpunkte der bei 0° auskrystallisierten Glyceride	
				aus Lösung krystallisierte Glyceride °C	aus Schmelzfluß erstarrte Glyceride °C					aus Lösung krystallisierte Glyceride °C	aus Schmelzfluß erstarrte Glyceride °C
100 a Schmp. 30,0–30,4° b c d	400 350 „ —	18–20 „ „ —	5½ 15 9 —	30,2 33,9 32,9 33,5	29,2 30,2 31,2 32,4	107 a Schmp. 33,5–33,7° b c d	500 400 300 —	18–20 „ „ —	5 16 17 —	34,3 34,0 34,0 35,5	33,0 33,1 (33,4)[1] 33,1 (33,4,[1]) 35,0
101 a Schmp. 30,5–30,9° b c d	400 350 „ —	18–20 „ „ „	5¾ 15 9 —	34,2 34,9 33,7 33,8	30,0 30,1 31,8 32,9	108 a Schmp. 34,0–34,4° b c d	650 550 500 —	18–20 „ „ —	15½ 6½ 49 —	34,0 34,1 35,1 37,0	33,4 33,2 33,9 36,3
102 a Schmp. 31,0–31,4° b c d	400 350 „ —	18–20 „ „ —	5¾ 15 9 —	35,8 34,9 33,7 33,8	30,2 31,0 32,1 33,2	109 a Schmp. 34,5–34,9° b	300 250	18–20 „	17½ 16½	35,2 37,0 37,2	33,1 34,8 37,9
103 a Schmp. 31,5–31,9° b c d	700 650 500 —	18–20 „ „ —	24½ 15 „ —	34,9 36,2 34,0 33,9	30,2 31,1 32,0 33,0 (33,8,[1])	110 a Schmp. 35,0–35,4° b c d e	350 „ „ „ —	18–20 „ „ „ —	22½ 18 44 8 —	35,8 37,0 36,5 37,9 38,0	33,2 33,8 34,9 34,8 37,1
104 a Schmp. 32,0–32,4° b c d	1000 „ 750 —	18–20 „ „ —	24 15 17 —	36,3 36,8 34,0 34,0	30,9 31,2 32,1 33,3 (33,9)[1]	113 a Schmp. 36,5–36,9° b c d e f	275 „ „ 300 „ —	18–20 „ „ „ „ —	22½ 18 44 7½ 9¼ —	37,4 37,9 37,5 39,1 38,1 38,1	34,9 34,2 35,0 34,0 35,2 37,7
105 a Schmp. 32,5–32,9° b c d	500 400 300 —	18–20 „ „ —	5 16 17 —	36,2 34,2 34,0 35,1	31,2 32,1 (33,0)[1] 33,0 (33,5)[1] 34,3	114 a Schmp. 37,0–37,4° b c d e f g	400 „ „ 300 „ 600 —	18–20 „ „ „ „ „ —	22 18 44 7½ 9 —	37,9 38,0 37,9 38,8 38,1 38,8 39,6	35,0 (36,7)[2] 36,0 37,1 (37,2)[2] 34,9 35,2 36,8 38,9
106 a Schmp. 33,0–33,4° b c d e f g	2000 1500 1000 „ 750 „ —	18–20 „ „ „ „ „ —	21 44 25 8¼ 18 21½ —	35,9 34,2 34,1 34,8 34,8 34,8 36,0	31,2 32,0 32,7 33,3 33,3 33,8 35,7	116 a Schmp. 38,0–38,4° b c d	300 250 „ —	18–20 „ „ —	17½ 6½ 49 —	38,8 39,1 39,0 40,0	36,7 (38,2)[2] 37,1 (37,2)[2] 38,0 (38,0)[2] 37,9 (38,1)[2]

[1]) Als die geschmolzenen Glyceride bei über 20° erstarren gelassen und längere Zeit (19 Stdn.) bei dieser Temperatur gehalten wurden, schmolzen sie erst bei der höheren Temperatur.

[2]) Die geschmolzenen Glyceride wurden über 30° erstarren gelassen und beim Beginn der Erstarrung mit einer Spur krystallisierten Glycerids geimpft, um die Umwandlung in die stabile Form zu vervollständigen. Die so gewonnenen Glyceride schmolzen nunmehr bei der höheren Temperatur.

Die einzelnen Fraktionen wurden nach Maßgabe ihrer Schmelzpunkte miteinander vereinigt, wobei die unterhalb 33,7° schmelzenden von zwei zu zwei Grad, die höheren von Grad zu Grad und die über 40° schmelzenden wieder von zwei zu zwei Grad zusammengegeben wurden. Eine Ausnahme bilden die Fraktionen, die die Glyceride II und III darstellen und die unmittelbar daran sich schließende höhere und niedere Fraktion, bei denen das Schmelzpunktsintervall 0,6—0,8° beträgt.

Als Glycerid II wurden zusammengegeben die zwischen 33,8—34,3° schmelzenden und als Glycerid III die zwischen 37,8—38,2° schmelzenden Fraktionen. Diese Schmelzpunktsintervalle wurden aus dem Grunde gewählt, weil innerhalb ihrer Grenzen vermutlich die Schmelzpunkte der reinen Glyceride lagen.

Beim Zusammengeben der Fraktionen wurde auch die Differenz zwischen dem Schmelzpunkt der aus Alkohol krystallisierten und der aus Schmelzfluß erstarrten Glyceride berücksichtigt. Fraktionen, bei denen diese Differenz weniger als 1° bezw. 0,5° betrug, wurden für sich als Unterfraktion a vereinigt; die Fraktionen mit größerer Differenz bilden die entsprechende Unterfraktion b.

Nachdem die einzelnen Fraktionen miteinander vereinigt waren, wurden sie noch einmal in der gleichen Weise aus Alkohol krystallisiert. Die hierbei erhaltenen Einzelfraktionen wurden wieder in gleicher Weise, wie oben erwähnt, zusammengegeben und dann noch ein drittes Mal in gleicher Weise krystallisiert, dieses Mal aber nicht aus Alkohol, sondern aus Aceton.

Als Produkte dieser drei Krystallisationen wurden die in nachfolgender Tabelle zusammengestellten Fraktionen Nr. 119—128 erhalten, die zwecks Reinigung von Acetonverunreinigungen nochmals bei 0° aus Aceton umgefällt wurden. Darauf wurden die Schmelzpunkte der Glyceride und ihrer Fettsäuren bestimmt:

Tabelle 76.

Fraktion Nr.	Gewicht der Fraktionen g	Schmelzpunkte der Glyceride		Schmelzpunkte der Fettsäuren °C
		Aus Lösung krystallisierte Glyceride °C	Aus Schmelzfluß erstarrte Glyceride °C	
119	8,2	31,0	30,2	—
120	3,4	32,1	31,7	36,8
121	25,4	32,8	32,1	35,0
122	25,3	33,0	32,7	33,8
123	6,9	33,2	32,2	33,6
124	9,3	33,9	33,0	32,0
125	4,3	34,1	33,5	32,2
126	6,7	36,0	33,3	34,2
127	6,0	37,3	37,2	36,1
128	3,2	38,2	35,8	38,9

Die Fraktion Nr. 122 stellt das reine Glycerid II dar; die beiden angrenzenden Fraktionen Nr. 121 und 123 bestehen aus fast reinem Glycerid II; in der Fraktion Nr. 127 haben wir das Glycerid III.

Zur Schmelzpunktsbestimmung wurde ferner auch, wie früher, eine kleine Menge der betreffenden Fraktion in Alkohol gelöst und diese Lösung auf einem Uhrglase verdunsten gelassen. Auch hier fielen die Schmelzpunktsbestimmungen niedriger aus. Sie stimmen mit denen der aus Aceton in ähnlicher Weise abgeschiedenen Glyceride überein. Die niedrigeren Werte können demnach keinesfalls durch Acetonverunreinigungen bedingt sein. Auch kann von einer teilweisen Abscheidung in labiler Form wohl nicht die Rede sein, da die alkoholische Lösung sehr langsam verdunstete und infolgedessen eine einwandfreie Krystallisation stattfinden konnte[1]. Die Ursache dieser Erscheinung muß unaufgeklärt bleiben. Als maßgebend sind die niedrigeren Werte angesehen und daher in die vorstehende Tabelle aufgenommen.

Untersuchung der Glyceride I, II und III.

Bevor die Verseifungszahlen bestimmt wurden, wurde die für zwei bis drei Bestimmungen ausreichende Substanzmenge durch Auflösen in Äther und Schütteln der ätherischen Lösung mit stark verdünnter wässeriger Kalilauge von freien Säuren und den Acetonverunreinigungen befreit. Diese Vorbehandlung erwies sich als notwendig, denn die Verseifungszahlen, die ohne diese Vorbehandlung ausgeführt wurden, fielen um etwa zwei bis drei Einheiten höher aus. Dieses war anscheinend durch die den Krystallen beigemischten Acetonverunreinigungen, vermutlich geringe Mengen freier Essigsäure, bedingt.

Glycerid I.

Die Bestimmung der Verseifungszahl, welche mittels alkoholischer Kalilauge in der Wärme erfolgte, lieferte folgende Ergebnisse:

Angewendete Substanz	Verbrauch an Kaliumhydroxyd	Verseifungszahl	
2,4950 g	0,68968 g	276,4	Mittel 275,6
1,8205 „	0,49966 „	274,5	
1,5465 „	0,42647 „	275,9	

Diese Verseifungszahl stimmt mit derjenigen von Caprylolauromyristin überein, für welche sie 275,7 beträgt.

Untersuchung der Fettsäuren.

Zur genaueren Kennzeichnung der im Glyceride I vorhandenen Fettsäuren wurden die vereinigten Seifenlösungen von der Bestimmung der Verseifungszahl nach vollständigem Abdampfen des Alkohols mit verdünnter Schwefelsäure zerlegt, und die abgeschiedenen Fettsäuren, um zunächst die flüchtigen von den nichtflüchtigen zu trennen, im Wasserdampfstrome destilliert. Es wurden fünfmal je 200 ccm abdestilliert. Die ersten beiden Destillate wurden, um eine mit Caprylsäure gesättigte Lösung zu erhalten, auf etwa 30° erwärmt, längere Zeit stark durchgeschüttelt und sodann mehrere Stunden bei Zimmertemperatur sich selbst überlassen. Am folgenden Tage wurden die beiden 200 ccm-Kölbchen mit den Destillaten in ein Wasserbad von genau 15° gestellt und darin unter zeitweiligem Umschütteln 1 Stunde lang gelassen. Darauf wurde durch ein feuchtes Filter filtriert und Filter und Kolben einmal mit möglichst wenig Wasser nachgewaschen. Die Filtrate wurden mit $^1/_{10}$ N.-Kalilauge titriert.

Filtrat I verbrauchte 16,0 ccm $^1/_{10}$ N.-Kalilauge
„ II „ 8,4 „ „ „

---
[1] Vergl. S. 37.

Die Säurezahl für das Filtrat I entspricht annähernd der Löslichkeit der Caprylsäure, deren bei 15° gesättigte Lösung nach O. Jensen[1]) 5,5 ccm $^1/_{10}$ N.-Kalilauge für 100 ccm verbraucht; da für Capronsäure die entsprechende Zahl 76,0 ccm beträgt, stellt Filtrat I eine mit Caprylsäure gesättigte Lösung dar, in der nur sehr geringe Mengen von Capronsäure enthalten sein können. Filtrat II dagegen war infolge eines Mangels an überschüssiger Caprylsäure ungesättigt geblieben.

Zur genaueren Kennzeichnung der flüchtigen Säure als Caprylsäure wurde deren Silbersalz dargestellt und auf seinen Silbergehalt untersucht. Zu diesem Zweck wurden die Filtrate I und II mit einem Überschuß an Silbernitratlösung versetzt, der entstandene käsige Niederschlag sofort abfiltriert, mit kaltem Wasser ausgewaschen und im Vakuum über Schwefelsäure getrocknet. Das bis zur Gewichtskonstanz getrocknete Silbersalz wurde in einen gewogenen Porzellantiegel gebracht, gewogen und verascht. Der Rückstand im Tiegel wurde durch Behandeln mit konzentrierter Salpetersäure gelöst und in dieser Lösung nun das Silber durch Fällen mit Chlornatriumlösung bestimmt.

Filtrat I: 0,1120 g Silbersalz enthielten 0,0478 g = 42,68 % Silber.
„ II: 0,1080 g „ „ 0,0463 g = 42,87 % „
Caprylsaures Silber enthält 42,99 % Ag.

Aus dem Vergleich der gefundenen Werte mit dem berechneten geht hervor, daß die flüchtige Säure des Glycerids I **Caprylsäure** ist.

Zur genaueren Kennzeichnung der **nichtflüchtigen Fettsäuren** wurden diese nach dem Verfahren von W. Heintz der fraktionierten Fällung mit einer 40 %-igen Bariumacetatlösung unterworfen; es wurde hierbei in folgender Weise verfahren:

3,517 g Fettsäuren wurden in 400 ccm Alkohol gelöst, in der Wärme mit 0,55 ccm 40 %-iger Bariumacetatlösung versetzt und 20 Stunden bei 18—20° der Krystallisation überlassen; darauf wurden die ausgeschiedenen Bariumsalze (Fraktion Nr. 1) abfiltriert, zweimal mit geringen Alkoholmengen ausgewaschen und der Rückstand nach dem Verdunsten des Alkohols durch Kochen mit verdünnter Salzsäure zersetzt. Die ausgeschiedenen Fettsäuren wurden nach dem Erkalten mit Äther ausgeschüttelt und die ätherische Lösung mit Wasser bis zum Verschwinden der sauren Reaktion des Waschwassers gewaschen. Darauf wurde der Äther abgedunstet, die Fettsäuren im Wasserdampftrockenschranke getrocknet und zur Wägung gebracht. Zum alkoholischen Filtrat der ersten Bariumsalzfällung wurden darauf wiederum 0,55 ccm Bariumacetatlösung hinzugegeben und weiter wie oben verfahren. In derselben Weise wurden im ganzen 7 fraktionierte Fällungen vorgenommen.

Da nach der Fällung der 7. Fraktion auf weiteren Zusatz von Bariumacetat keine Ausscheidung von Bariumseifen erfolgte, wurde die alkoholische Flüssigkeit alkalisch gemacht und der Alkohol abdestilliert. Der Zusatz von Alkali hatte den Zweck, eine Esterbildung zu verhindern. Nach dem Erkalten wurden aus den Seifen mit Salzsäure die Fettsäuren abgeschieden und mit Äther ausgeschüttelt. Deren Menge betrug 0,999 g; sie waren stark gelb gefärbt, hatten einen deutlichen Geruch nach Caprylsäure und einen Schmelzpunkt von 28,3°. Zwecks Befreiung von der Caprylsäure wurden diese Fettsäuren in 50 ccm Alkohol gelöst und mit 1,3 ccm der Bariumacetatlösung gefällt. Die aus den Seifen ausgeschiedenen Fettsäuren bilden die Fraktion Nr. 8.

---
[1]) Zeitschr. f. Untersuchung der Nahrungs- u. Genußmittel 1905, **10**, 265.

Die Ergebnisse dieser fraktionierten Fällung waren folgende:

Tabelle 90.

Fraktion Nr.	Gewicht der Fettsäuren	Schmelzpunkt der Fettsäuren	Fraktion Nr.	Gewicht der Fettsäuren	Schmelzpunkt der Fettsäuren
1	0,261 g	36,2°	5	0,367 g	34,1°
2	0,290 „	34,8°	6	0,342 „	37,0°
3	0,320 „	32,2°	7	0,288 „	38,1°
4	0,300 „	31,0°	8	0,405 „	35,8°

Von diesen 8 Fraktionen wurden Nr. 1 und 2 zur Hauptfraktion A, Nr. 3, 4 und 5 zur Hauptfraktion B und Nr. 6, 7 und 8 zur Hauptfraktion C vereinigt. Von diesen drei Hauptfraktionen wurden darauf die Säurezahlen bestimmt und dabei wie bei der Bestimmung der Verseifungszahl verfahren. Um die Bestimmung wiederholen zu können, wurden die Seifen nach Entfernung des Alkohols mit Salzsäure zersetzt und die abgeschiedenen Fettsäuren zu einer neuen Säurebestimmung verwendet. Die Ergebnisse waren folgende:

	Angewendete Substanz	Verbrauch an Kaliumhydroxyd	Säurezahl	Molekulargewicht
Hauptfraktion A:	0,5400 g	0,13334 g	246,9	227,2
„ B:	0,9665 „	0,25310 „	261,8	214,3
„ C:	1,0190 „	0,27697 „	271,8	206,4

Diese Säurezahlen zeigen, daß die Hauptfraktion A im wesentlichen aus Myristinsäure (Säurezahl 246,0) und die Hauptfraktion C in der Hauptsache aus Laurinsäure (Säurezahl 280,3) besteht.

Die Fettsäuren der Hauptfraktionen A und C wurden noch einmal für sich fraktioniert mit Bariumacetat gefällt. Die Ergebnisse waren folgende:

Tabelle 91.

Hauptfraktion A.				Hauptfraktion C.			
Fraktion Nr.	Gewicht der Fettsäuren	Schmelzpunkte der Fettsäuren		Fraktion Nr.	Gewicht der Fettsäuren	Schmelzpunkte der Fettsäuren	
9	0,089 g	49,8	} D	15	0,136 g	34,1	} F
10	0,093 „	46,9		16	0,101 „	37,0	
11	0,083 „	39,0	} E	17	0,114 „	37,8	
12	0,086 „	34,7		18	0,129 „	38,5	} G
13	0,020 „	37,9		19	0,099 „	39,3	
14	0,012 „	37,9		20	0,087 „	39,2	
				21	0,079 „	39,1	
				22	0,023 „	38,3	

Die Einzelfraktionen der beiden Hauptfraktionen A und C wurden wiederum in der in der Tabelle angegebenen Weise je zu 2 neuen Hauptfraktionen D und E bezw. F und G vereinigt. Von diesen 4 Fraktionen wurden wiederum die Säurezahlen bestimmt. Die Ergebnisse waren folgende:

		Angewendete Substanz	Verbrauch an Kaliumhydroxyd	Säurezahl
Hauptfraktion D	a)	0,1800 g	0,03888 g	216,0
	b)	0,1100 „	0,02417 „	219,7
„ E		0,1930 „	0,04917 „	254,8
„ F		0,3375 „	0,09140 „	270,8
„ G		0,3795 „	0,10445 „	275,2

Auch diese Säurezahlen, mit Ausnahme derjenigen der Hauptfraktion D, sprechen dafür, daß die nichtflüchtigen Fettsäuren des Glycerids I aus Laurin- und Myristinsäure bestehen.

Nach der Säurezahl der Hauptfraktion D könnte es sich bei dieser um Palmitinsäure handeln, was jedoch vollkommen ausgeschlossen ist. Es kommen offenbar hier unverseifbare Stoffe in Frage, die als schwerer löslich sich in dieser Fraktion angehäuft haben und die niedrige Säurezahl verursachen. Tatsächlich enthielt Glycerid I, wie die Bestimmung ergab, 0,31 % unverseifbare Stoffe. Außerdem waren die Fettsäuren der Hauptfraktion D sehr stark gelb gefärbt, was auf eine Verunreinigung hinweist, die ohne Zweifel auch einen Einfluß auf die Höhe der Säurezahl hatte.

Zur weiteren Trennung der Fettsäuren wurden die Hauptfraktionen D, E und G aus verdünntem Alkohol bei Zimmertemperatur umkrystallisiert. Dazu wurde bei den Fraktionen D und E 60 %-iger Alkohol und bei der Fraktion G 50 %-iger Alkohol verwendet. Bei der 4. Krystallisation von E und G wurde stärkerer und zwar 80- bezw. 60 %-iger Alkohol verwendet. Die Ergebnisse waren folgende:

Krystallisation Nr.	1	2	3	4
Hauptfraktion D	54,0°	55,0°	55,8°	—
" E	44,0°	45,1°	45,8°	54,2°
" G	38,1°	37,8°	34,2°	38,7°

Die Ergebnisse der Krystallisation der Fraktionen D und E bestätigen durch ihren Schmelzpunkt den aus den Säurezahlen gezogenen Schluß, daß die unlöslichste der nichtflüchtigen Säuren Myristinsäure (Schmp. 53,5°) ist. Dagegen ist es bei der Fraktion G nicht gelungen, durch Umkrystallisieren eine Fettsäure vom Schmelzpunkte der reinen Laurinsäure zu erhalten. Offenbar ist die Laurinsäure leichter löslich als ihre Gemische mit Myristinsäure. Dadurch erklärt sich das Fallen der Schmelzpunkte, das bedingt ist durch Auskrystallisieren von an Myristinsäure immer reicheren Gemischen. War dies der Fall, so mußten die Mutterlaugen ansteigende Schmelzpunkte aufweisen. Tatsächlich war dies der Fall, denn die Fettsäuren der Mutterlaugen der Fraktion G zeigten folgende Schmelzpunkte:

Krystallisation Nr.	1	2	3
Schmelzpunkt	38,5°	39,8°	40,2°

Diese drei Mutterlaugen wurden vereinigt und aus etwas 50 %-igem Alkohol umkrystallisiert und der Schmelzpunkt bestimmt. Er lag bei 40,1°. Auf Grund dieses Schmelzpunktes kann die Gegenwart von Laurinsäure (Schmp. 43,5°) als erwiesen angesehen werden. Für Laurinsäure spricht ferner auch die Verseifungszahl des Glycerids I. Ein Glycerid von der Verseifungszahl 275,8, das, wie erwiesen, Capryl- und Myristinsäure enthält, kann als dritte Säure nur Laurinsäure enthalten.

Die Untersuchungen zeigen somit, daß das Glycerid I ein Caprylolauromyristin ist.

Dieses Glycerid ist bei Zimmertemperatur flüssig; es schmilzt bei 15° und bildet den Hauptbestandteil des Cocosfettes, wodurch dessen niedriger Schmelzpunkt bedingt ist.

Vom Glycerid I wurde auch die Jodzahl bestimmt, sie betrug 4,59. Zur Prüfung auf Ölsäure, durch die diese Jodzahl bedingt sein konnte, wurden 5 g des Glycerids I verseift und die Seife nach Farnsteiner mit Bleiacetat gefällt. Die ausgeschiedenen Bleiseifen wurden mit Äther behandelt. Die in Lösung gegangenen Seifen wurden mit Salzsäure zersetzt und die abgeschiedenen Fettsäuren im Wasserdampfstrome destilliert, um die etwa vorhandene Capryl- und Laurinsäure, deren Bleiseifen in Äther nicht vollkommen unlöslich sind, zu entfernen. Darauf wurde von dem im Destillationskolben verbliebenen Rückstand (0,1370 g) die Jodzahl bestimmt; sie betrug 31,0.

Demnach ist die Jodzahl des Glycerids I durch etwa 0,9 % Ölsäure bedingt, die wahrscheinlich von bei der Destillation im Vakuum mit übergerissenen Oleinen herrührt.

Glyceride II und III.

Die Bestimmung der Verseifungszahl lieferte folgende Ergebnisse:

		Angewendete Substanz	Verbrauch an Kaliumhydroxyd	Verseifungszahl	
Glycerid II	a)	1,6535 g	0,41751 g	252,5	Mittel
	b)	1,3800 „	0,34753 „	251,8	252,2
„ III	a)	1,7940 „	0,43059 „	240,0	Mittel
	b)	1,6690 „	0,40003 „	239,7	239,9

Zur Bestimmung der Säurezahl der Fettsäuren wurden die alkoholischen Seifenlösungen nach völligem Verdunsten des Alkohols mit Salzsäure zersetzt und die abgeschiedenen Fettsäuren mit Äther ausgeschüttelt. Die Bestimmung der Säurezahl lieferte folgende Ergebnisse:

		Angewendete Substanz	Verbrauch an Kaliumhydroxyd	Säurezahl	
Glycerid II		1,4075 g	0,37725 g	267,9	
„ III	a)	1,5425 „	0,39170 „	254,0	Mittel
	b)	1,6345 „	0,41587 „	254,4	254,2

Aus der Säurezahl der Fettsäuren des Glycerids II ist die oben unter a angegebene Verseifungszahl berechnet. Sie war nämlich um etwa zwei Einheiten zu hoch ausgefallen infolge der, wie bereits früher erwähnt, von der Substanz eingeschlossenen geringen Mengen von Acetonverunreinigungen. In der Folge wurde daher, wie schon früher mitgeteilt, die zur Bestimmung der Verseifungszahl abgewogene Menge zuvor in ätherischer Lösung mit stark verdünnter wässeriger Alkalilauge behandelt.

Untersuchung der Fettsäuren.

Ebenso wie beim Glyceride I wurden auch bei den Glyceriden II und III zwecks Kennzeichnung der darin vorhandenen Fettsäuren die nach der Bestimmung der Säurezahlen wieder abgeschiedenen Fettsäuren der fraktionierten Fällung mit Bariumacetat unterworfen.

Die Menge der angewendeten Fettsäuren betrug beim Glycerid II 2,637 g und beim Glycerid III 3,177 g. Sie wurden in 250 bezw. 350 ccm Alkohol gelöst und heiß mit 0,45 bezw. 0,5 ccm der 40 %-igen Bariumacetatlösung versetzt. Bei der 10. Fraktion wurde 1 ccm Bariumacetatlösung zugesetzt. Da nach dieser Fraktion auf weiteren Zusatz von Bariumacetat keine Fällung mehr eintrat, wurde die alkoholische Flüssigkeit nach Zusatz von Alkali vom Alkohol befreit, sodann die Fettsäuren durch Salzsäure ausgeschieden und mit Äther ausgeschüttelt. Die so erhaltenen Fettsäuren stellen die Fraktion Nr. 11 dar. Die Fettsäuren dieser letzten Fraktion waren gelblich gefärbt. Im übrigen wurde wie bei Trennung der nichtflüchtigen Fettsäuren des Glycerids I verfahren. Die Ergebnisse waren folgende:

Tabelle 92.

	Glycerid II.			Glycerid III.		
Fraktion Nr.	Gewicht der Fettsäuren	Schmelzpunkte der Fettsäuren		Fraktion Nr.	Gewicht der Fettsäuren	Schmelzpunkte der Fettsäuren	
1	0,25 g	34,1°	⎫	1	0,33 g	42,5°	⎫
2	0,27 „	33,0°	⎬ A	2	0,32 „	42,0°	
3	0,25 „	33,1°	⎪	3	0,30 „	41,2°	
4	0,24 „	33,1°	⎭	4	0,30 „	40,0°	⎬ A
5	0,25 „	37,0°	⎫	5	0,29 „	40,8°	
6	0,21 „	37,0°	⎬ B	6	0,24 „	41,8°	
7	0,22 „	37,8°	⎭	7	0,25 „	40,1°	⎭
8	0,17 „	39,1°	⎫	8	0,18 „	35,3°	⎫ B
9	0,17 „	39,8°	⎬ C	9	0,18 „	35,1°	⎭
10	0,09 „	40,1°	⎪	10	0,23 „	39,2°	⎫ C
11	0,32 „	39,3°	⎭	11	0,39 „	39,3°	⎭

Diese je 11 Einzelfraktionen der Fettsäuren der beiden Glyceride wurden in der in der Tabelle angedeuteten Weise je zu den drei Hauptfraktionen A, B und C vereinigt und von diesen die Säurezahlen mit folgenden Ergebnissen bestimmt:

Tabelle 93.

		Angewendete Substanz	Verbrauch an Kaliumhydroxyd	Säurezahl
Glycerid II	Hauptfraktion A	0,9715 g	0,2520 g	259,6
	„ B	0,6700 „	0,1792 „	267,4
	„ C	0,7175 „	0,1945 „	271,0
Glycerid III	„ A ⎧	1,9820 „	0,48337 „	243,9
	⎨	0,8605 „	0,20863 „	242,5
	⎩	1,0900 „	0,26285 „	243,9
	„ B	0,3595 „	0,09390 „	261,3
	„ C	0,6075 „	0,16445 „	270,7

Diese Säurezahlen zeigen, daß die Hauptfraktion A sowohl beim Glycerid II wie beim Glycerid III im wesentlichen aus Myristinsäure (Säurezahl 246,0) besteht. Die für Myristinsäure etwas zu niedrige Säurezahl der Hauptfraktion A des Glycerides III ist bedingt durch Anwesenheit von Palmitinsäure, die aus dem Glycerid IV, von dem später die Rede sein wird, das als Verunreinigung im Glycerid III in geringer Menge enthalten ist, herrührt und sich als schwerer löslich in der Hauptfraktion A angesammelt hat. Die Säurezahl der beiden Hauptfraktionen C zeigt, daß diese in der Hauptsache aus Laurinsäure (Säurezahl 280,3) bestehen.

Die zwischen A und C liegende Hauptfraktion B besteht, wie die Säurezahlen zeigen, aus ungefähr gleichen Teilen Laurin- und Myristinsäure.

Zur weiteren Trennung der Fettsäuren wurden die Seifenlösungen von den Säurezahlbestimmungen der Hauptfraktionen A und C nach Zusatz von Alkohol einer nochmaligen fraktionierten Fällung nach Heintz mit Bariumacetat unterzogen. Zur Trennung der Fettsäuren der Hauptfraktion A des Glycerids III wurde nicht die Seifenlösung selbst sondern die aus der Seife durch Salzsäure abgeschiedenen Fettsäuren verwendet.

Die Ergebnisse waren folgende:

Tabelle 94.
Hauptfraktion A.

Fraktion Nr.	Glycerid II. Gewicht	Schmelzpunkte der Fettsäuren		Fraktion Nr.	Glycerid III. Gewicht	Schmelzpunkte der Fettsäuren	
12	0.135 g	41,1°	⎫	12	0,358 g	45,8°	⎫
13	0,131 „	38,3°	⎬ D	13	0.353 „	44,2°	⎪
14	0,143 „	40,3°	⎭	14	0,350 „	42,2°	⎬ D
15	0,124 „	35,0°		15	0,327 „	45,7°	⎪
16	0,171 „	40,0°	⎫ E	16	0,110 „	42,8°	⎭
17	0,040 „	40,2°	⎭				

Hauptfraktion C.

18	0,120 g	37,9°	⎫ F	17	0,121 g	37,1°	⎫ E
19	0,114 „	38,2°	⎭	18	0,060 „	38,3°	⎭
20	0,136 „	40,1°		19	0,078 „	39,9°	
21	0,115 „	40,9°	⎫ G	20	0,109 „	40,9°	⎫ F
22	0,082 „	40,9°	⎭	21	0,069 „	40,9°	⎭

Diese Fraktionen 12—22 bezw. 12—21 der beiden Hauptfraktionen A und C wurden nach Maßgabe ihrer Schmelzpunkte in der angegebenen Weise zu den neuen Hauptfraktionen D—G bezw. D—F vereinigt und von diesen die Säurezahlen bestimmt. Sie ergaben folgendes:

Tabelle 95.

	Glycerid II.			Glycerid III.		
	Angewendete Substanz	Verbrauch an Kaliumhydroxyd	Säurezahl	Angewendete Substanz	Verbrauch an Kaliumhydroxyd	Säurezahl
D	0,3960 g	0,09723 g	245,5 ⎫ Mittel	0,5540 g	0,13140 g	237,2 ⎫ Mittel
	0,3820 „	0,09362 „	245,1 ⎭ 245,3	0,9025 „	0,21668 „	240,1 ⎭ 238,7
E	0,2055 g	0,05612 g	273,1 ⎫ Mittel	0,1735 g	0,04778 g	275,4 ⎫ Mittel
	0,1925 „	0,05195 „	269,9 ⎭ 271,5	0,1675 „	0,04584 „	273,7 ⎭ 274,6
F	0,2145 g	0,05751 g	268,1 ⎫ Mittel	0,2460 g	0,06695 g	272,2 ⎫ Mittel
	0,2045 „	0,05547 „	271,2 ⎭ 269,7	0,2365 „	0,06417 „	271,3 ⎭ 271,8
G	0,3205 g	0,08695 g	271,3 ⎫ Mittel			
	0,3105 „	0,08528 „	274,7 ⎭ 273,0			

Auch diese Säurezahlen zeigen, daß wir es sowohl im Glycerid II wie im Glycerid III nur mit Laurin- und Myristinsäure zu tun haben. Bezüglich der Säurezahl der Hauptfraktion D gilt beim Glycerid III dasselbe wie für diejenige der Hauptfraktion A; auch diese niedrige Säurezahl ist auf eine Verunreinigung mit Palmitinsäure zurückzuführen.

Zur weiteren Trennung der Fettsäuren wurden die Fettsäuren der Hauptfraktionen D und G des Glycerids II, sowie diejenigen der Hauptfraktionen D und F des Glycerids III zunächst mehrmals aus 60%-igem (Fraktionen D) bezw. 50%-igem Alkohol (Fraktion F und G) und dann (Nr. 4 und 5) wegen der mit der Reinheit der Fettsäuren zunehmenden Schwerlöslichkeit aus 80- bezw. 70%-igem Alkohol umkrystallisiert. Die Ergebnisse der Schmelzpunktbestimmungen waren folgende:

Tabelle 96.

Glycerid II.			Glycerid III.		
Nr. der Krystallisation	Hauptfraktion D	G	Nr. der Krystallisation	Hauptfraktion D	F
1	44,1	39,8	1	44,9	39,6
2	45,3	39,1	2	45,3	39,0
3	48,9	38,0	3	50,8	38,7
4	54,1	31,9	4	54,9	32,0
5	55,1	—	5	55,1	—

Die Ergebnisse bei den beiden Fraktionen D zeigen, daß die schwerlöslichste Fettsäure der Glyceride II und III unzweifelhaft Myristinsäure (Schmp. 53,5°) ist. Bezüglich der Ergebnisse der Fraktionen G und F gilt dasselbe wie für diejenigen der Fraktion G des Glycerids I. Auch hier beobachten wir ein Fallen der Schmelzpunkte, bedingt durch die schwerere Löslichkeit des Gemisches von Laurin- und Myristinsäure. Auch hier zeigen infolgedessen die Fettsäuren der Mutterlaugen ansteigende Schmelzpunkte. Die Ergebnisse waren folgende:

Tabelle 97.

Glycerid II.		Glycerid III.	
Fettsäuren der Mutterlaugen der	Schmelzpunkte	Fettsäuren der Mutterlaugen der	Schmelzpunkte
1. Krystallisation	39,2°	1. Krystallisation	39,8°
2. „	39,2°	2. „	39,8°
3. „	40,3°	3. „	40,2°
4. „	40,3°	4. „	40,2°

Die Mutterlaugen Nr. 2—4 wurden vereinigt und aus etwas 50%-igem Alkohol umkrystallisiert und der Schmelzpunkt bestimmt; er lag in beiden Fällen bei 40,9°. Durch diesen Schmelzpunkt kann die Gegenwart von Laurinsäure (Schmp. 43,5°) in den beiden Glyceriden II und III als erwiesen angesehen werden.

Beide Glyceride bestehen also nur aus Laurin- und Myristinsäure und zwar enthält Glycerid II zwei Moleküle Laurinsäure, Glycerid III dagegen 2 Moleküle Myristinsäure.

Glycerid II mit der Verseifungszahl 252,2 ist also ein Myristodilaurin (berechnete Verseifungszahl: 252,5); Glycerid III mit der Verseifungszahl 239,9 ist dagegen ein Laurodimyristin (berechnete Verseifungszahl: 242,3).

Myristodilaurin ist neben Caprylolauromyristin der Hauptbestandteil der flüchtigen Glyceride des Cocosfettes und verursacht die beim langsamen Erstarren des natürlichen Cocosfettes entstehenden charakteristischen Krystalldrusen.

Die folgenden Verseifungszahlen der Zwischenfraktionen geben ein ungefähres Bild von den Mengenverhältnissen, in denen die drei Glyceride Caprylolauromyristin, Myristodilaurin und Laurodimyristin darin vorhanden sind.

Tabelle 98.

Fraktion Nr.	Schmelzpunkte	Verseifungszahl	Fraktion Nr.	Schmelzpunkte	Verseifungszahl
74	16,5—16,9	276,3	119	31,0°	258,0
75	17,0—17,4	275,5	120	32,1°	255,6
76	17,5—17,9	275,6	121	32,8°	252,2
77—78	18,0—18,9	276,2	122	33,2°	251,8
79—88	19,0—24,4	273,3	123	33,9°	250,3
89—96	24,5—28,4	265,8	124	34,1°	247,0
			125	36,0°	245,6
			126	38,2°	242,3

Infolge der im Laufe der Arbeit eingetretenen verhältnismäßig großen Substanzverluste kann natürlich von einer Angabe der prozentualen Menge jedes der drei Glyceride nicht die Rede sein. Berücksichtigt man diese Verluste, so kann man auf Grund der Verseifungszahlen, sowie der Größe der Fraktionen annehmen, daß das Caprylolauromyristin ungefähr $^2/_3$ der flüchtigen Glyceride ausmacht. Der Rest besteht zum größten Teil aus Myristodilaurin neben geringen Mengen Laurodimyristin.

Untersuchung des Destillationsrückstandes.

Der Destillationsrückstand (S. 99), dessen Menge noch 112 g betrug, wurde zunächst fraktioniert krystallisiert. Dabei wurde in folgender Weise verfahren:

Der Destillationsrückstand wurde in 250 ccm Äther gelöst und 1¼ Stunde bei 2—3° der Krystallisation überlassen. Darauf wurden die abgeschiedenen Krystalle abfiltriert (Fraktion Nr. 1) und die Mutterlauge der weiteren Krystallisation bei 2—3° überlassen. Nach 2 Stunden wurde abermals filtriert (Fraktion Nr. 2) und die Mutterlauge wieder bei derselben Temperatur krystallisieren gelassen; die abgeschiedenen Krystalle wurden abfiltriert (Fraktion Nr. 3). Die Mutterlauge wurde, da bei weiterem Abkühlen auf 3° nichts mehr auskrystallisierte, mit ungefähr dem gleichen Volumen Alkohol versetzt und dann bei 3° 2 Stunden lang der Krystallisation überlassen. Zur Mutterlauge von den abgeschiedenen Krystallen (Fraktion Nr. 4) wurden weitere Mengen Alkohol zugesetzt; es trat jedoch keine Krystallisation mehr ein.

Die noch in Lösung vorhandenen Anteile des Destillationsrückstandes wurden durch Zusatz von Wasser ausgeschieden und mit Äther ausgeschüttelt (Fraktion Nr. 5).

Von den so erhaltenen 5 Fraktionen wurden die Mengen festgestellt und die Schmelzpunkte bestimmt. Die Ergebnisse waren folgende:

Tabelle 99.

Fraktion	Gewicht	Schmelzpunkt
Nr. 1	25,9 g	36,0°
„ 2	21,7 „	34,2°
„ 3	8,1 „	34,9°
„ 4	37,8 „	flüssig
„ 5	16,7 „	„

Die Fraktionen Nr. 4 und 5 wurden miteinander vereinigt und aus 150 ccm Aceton zunächst bei Zimmertemperatur der Krystallisation überlassen; da hierbei nichts ausfiel, wurde 4 Stunden bei 11—12° krystallisiert. Die abgeschiedenen

Krystalle vom Schmelzpunkt 32,2° wurden mit den Fraktionen Nr. 1, 2 und 3 vereinigt.

Diese vereinigten Fraktionen wurden in wenig Tetrachlorkohlenstoff gelöst und mit 100 ccm Wijs'scher Jodlösung versetzt. Dies hatte den Zweck, die vorhandenen Oleine zu jodieren, um ihre Gegenwart bei der fraktionierten Lösung in den einzelnen Fraktionen mittels der Kupferreaktion leicht feststellen zu können[1]).

Nach 2 Stunden wurde der Überschuß an Jodlösung mit Thiosulfatlösung zurücktitriert. Um sicher zu sein, daß kein unverbrauchtes Jod zurückblieb, wurde noch ein kleiner Überschuß an Natriumthiosulfatlösung zugegeben. Das Ganze wurde mit Wasser in einen Scheidetrichter übergeführt, mit viel Wasser versetzt und die untere fetthaltige Schicht abgelassen. Die wässerige Flüssigkeit wurde zweimal mit etwa 25 ccm Tetrachlorkohlenstoff ausgeschüttelt. Die Ausschüttelungen wurden mit der Hauptmenge vereinigt und der Tetrachlorkohlenstoff abdestilliert.

Der Rückstand wurde der fraktionierten Lösung unterzogen. Dabei wurde in folgender Weise verfahren: Er wurde in 100 ccm Aceton gelöst und die Lösung bei Zimmertemperatur der Krystallisation überlassen. Da keine Ausscheidung von Krystallen erfolgte, wurde bei 12—13° krystallisiert; die abgeschiedenen Krystalle wurden mittels Witt'scher Platte abfiltriert und aus den Mutterlaugen die Glyceride durch Auskrystallisierenlassen bei 0° abgeschieden. Von den so abgeschiedenen Glyceriden der Mutterlaugen wurde der Schmelzpunkt bestimmt. Das, was bei 0° in den Mutterlaugen gelöst blieb, wurde unberücksichtigt gelassen. Diese Behandlung wurde — später bei ansteigender Temperatur — so oft wiederholt, bis keine Ausscheidung mehr erfolgte. Die Ergebnisse waren folgende:

Tabelle 100. Fraktionierte Lösung von Nr. 1, 2 und 3.

Nr. der Krystallisation	Menge des Lösungsmittels (Aceton) ccm	Krystallisations- Temperatur °C	Krystallisations- Dauer Stdn.	Schmelzpunkte der Glyceride der Mutterlaugen [bezw. der Krystalle] aus Lösung krystallisierte Glyceride °C	Schmelzpunkte der Glyceride der Mutterlaugen [bezw. der Krystalle] aus Schmelzfluß erstarrte Glyceride °C	Nr. der Krystallisation	Menge des Lösungsmittels (Aceton) ccm	Krystallisations- Temperatur °C	Krystallisations- Dauer Stdn.	Schmelzpunkte der Mutterlaugen [bezw. der Krystalle] aus Lösung krystallisierte Glyceride °C	Schmelzpunkte der Mutterlaugen [bezw. der Krystalle] aus Schmelzfluß erstarrte Glyceride °C
1	100	12—13	3	32,9	32,8[2])	11	100	15	1	43,2	42,9
2	,,	,,	,,	33,0	33,0[2])	12	,,	,,	,,	44,1	43,9
3	,,	12	1	33,3	33,3[2])	13	,,	19—20	,,	46,8	45,8
4	,,	,,	,,	35,1	35,0[2])	14	,,	,,	,,	46,8	46,8
5	,,	,,	,,	{ 38,0 [44,2]	38,0 [43,9]	15	,,	,,	,,	{ 48,7 [51,8]	48,0 [51,2]
6	,,	,,	,,	38,0	37,8	16	,,	,,	,,	50,0	49,2
7	,,	14	,,	40,1	40,0	17	,,	,,	,,	50,1	50,1
8	,,	,,	,,	40,1	39,8	18	,,	,,	,,	51,3	51,2
9	,,	,,	,,	41,0	40,8	19	,,	,,	,,	52,2	52,2
10	,,	,,	,,	{ 42,6 [48,1]	42,1 [47,3]	20	,,	,,	,,	52,9	52,8
						21	,,	,,	,,	55,0	55,0

Die bei 40° und darüber schmelzenden Einzelfraktionen dieser ersten fraktionierten Lösung wurden mit den entsprechenden Fraktionen, die bei der fraktionierten

---

[1]) Vergl. Zeitschr. f. Untersuchung der Nahrungs- u. Genußmittel 1909, 17, 359.
[2]) Die Glyceride der Mutterlaugen der Krystallisation Nr. 1 waren stark, die von Nr. 2—4 schwächer gelblich.

Lösung des Destillats (vergl. S. 22) erhalten worden waren, nach Maßgabe ihrer Schmelzpunkte zu folgenden neuen Fraktionen vereinigt:

Tabelle 101.

Fraktion	Schmelzpunkte der Einzelfraktionen	Gewicht der neuen Fraktionen	Fraktion	Schmelzpunkte der Einzelfraktionen	Gewicht der neuen Fraktionen
Nr. 6	40—41,9°	12,5 g	Nr. 9	46—47,9°	1,4 g
„ 7	42—43,9°	3,2 „	„ 10	48—49,0°	0,2 „
„ 8	44—45,9°	1,5 „	„ 11	50—52,9°	0,8 „

Die letzte Fraktion (Nr. 21) vom Schmelzpunkt 55,0° wurde für sich gelassen. Offenbar handelte es sich hier um ein einheitliches Glycerid, das einstweilen die Bezeichnung Glycerid V haben möge.

Die Fraktionen Nr. 6—11 wurden einer **zweiten fraktionierten Lösung** unterzogen. Dabei wurde in folgender Weise verfahren:

Fraktion Nr. 6 wurde in 150 ccm Aceton gelöst und bei Zimmertemperatur (17—19°) der Krystallisation überlassen. Von den abgeschiedenen Krystallen, sowie von den Glyceriden der Mutterlaugen wurden die Schmelzpunkte bestimmt. Sobald der Schmelzpunkt der Krystalle denjenigen der Fraktion Nr. 7 erreicht hatte, wurde diese mit den Krystallen vereinigt und das Gemisch weiter fraktioniert gelöst. Erreichten die ausgeschiedenen Krystalle im weiteren Verlaufe der Krystallisation den Schmelzpunkt der Fraktion Nr. 8, so wurde diese mit den Krystallen vereinigt, und dieses Gemisch wieder weiter fraktioniert gelöst. Auf diese Weise wurden nach und nach auch die Fraktionen Nr. 9—11 in die fraktionierte Lösung mit hineingezogen.

Die Ergebnisse dieser fraktionierten Lösung waren folgende:

Tabelle 102.

Nr. der Krystallisation	Menge des Lösungsmittels (Aceton) ccm	Krystallisations- Temperatur °C	Krystallisations- Dauer Stdn.	Schmelzpunkte der Glyceride der Krystalle aus Lösung krystallisierte Glyceride °C	Schmelzpunkte der Glyceride der Krystalle aus Schmelzfluß erstarrte Glyceride °C	Schmelzpunkte der Glyceride der Mutterlaugen aus Lösung krystallisierte Glyceride °C	Schmelzpunkte der Glyceride der Mutterlaugen aus Schmelzfluß erstarrte Glyceride °C
1	150	17—19	1	41,1	38,8	38,3	38,0
2	„	„	„	42,0	39,9	42,0	38,0
3	„	20	„	44,8	43,3	42,0	39,9
4	„	14	„	45,8	44,2	42,0	41,0
5	„	15	„	46,1	45,9	44,1	42,1
6	„	14	„	46,8	45,9	42,9	43,9
7	„	„	„	47,0	46,1	44,1	44,1
8	„	„	„	47,8	47,0	45,2	45,1
9	„	12—13	„	47,8	47,8	45,4	45,3
10	„	„	„	47,9	47,9	47,2	46,3
11	200	12—14	„	49,0	48,3	47,5	46,2
12	„	13	„	49,1	48,9	48,0	46,7
13	„	12—14	„	50,0	49,3	46,8	46,8
14	„	13—15	„	51,2	50,8	48,0	48,0
15	„	15—17	„	51,8	51,1	49,0	49,0
16	„	15	„	52,1	51,8	50,5	50,2
17	„	„	„	52,2	52,0	50,9	50,9
18	100	12—13	„	52,3	52,1	51,1	51,0
19	„	„	„	Keine Krystallisation		52,3	52,1

Wie die Ergebnisse zeigen, war es nicht möglich, auf diese Weise weitere Mengen des Glycerides V zu gewinnen; anscheinend ist dieses nur in äußerst geringen Mengen im Cocosfette vorhanden.

Die Ergebnisse zeigen ferner, daß in den bei 44—45° schmelzenden Fraktionen wahrscheinlich ein weiteres einheitliches Glycerid vorliegt, das einstweilen als Glycerid IV bezeichnet sein möge.

Zur Gewinnung weiterer Mengen dieses Glycerides IV sowie zu dessen Reindarstellung wurden die Mutterlaugenfraktionen der vorstehenden fraktionierten Lösung in ähnlicher Weise nochmals krystallisiert. Dabei wurde folgendermaßen verfahren:

Zunächst wurde die 2. Mutterlaugenfraktion (Fraktion Nr. 12), sowie die Mutterlaugenfraktionen Nr. 10—15 (Fraktion Nr. 13) aus Aceton krystallisiert.

Die letzten Krystalle der Fraktion Nr. 12 wurden mit den Mutterlaugenfraktionen Nr. 3—5 und diejenigen der Fraktion Nr. 13 mit der Mutterlaugenfraktionen Nr. 16—19 zu zwei neuen Fraktionen Nr. 14 und Nr. 15 vereinigt. Fraktion Nr. 15 wurde nicht weiter verarbeitet, Fraktion Nr. 14 dagegen aus 100 ccm Aceton krystallisiert, wobei, wie früher, nach Maßgabe des Schmelzpunktes der Krystalle die Mutterlaugenfraktionen Nr. 6—9 sowie diejenigen der Fraktion Nr. 13 nach und nach in die fraktionierte Lösung mit hineingezogen wurden.

Wie in früheren Fällen, wurden auch hier die Glyceride aus den Mutterlaugen durch Auskrystallisierenlassen bei 0° abgeschieden. Die Ergebnisse sind aus der Tabelle 103 zu ersehen:

Tabelle 103.
Fraktionierte Lösung von Nr. 12.

Nr. der Krystallisation	Menge des Lösungsmittels ccm	Krystallisations-		Schmelzpunkte der Glyceride der			
				Krystalle		Mutterlauge	
		Temperatur °C	Dauer Stdn.	aus Lösung krystallisierte Glyceride °C	aus Schmelzfluß erstarrte Glyceride °C	aus Lösung krystallisierte Glyceride °C	aus Schmelzfluß erstarrte Glyceride °C
1	75	16—18	1	40,9	39,0	40,0	38,0
2	,,	13—15	,,	41,8	40,8	40,3	38,1
Fraktionierte Lösung von Nr. 13.							
1	200	16—18	1	49,1	48,1	47,2	45,9
2	,,	18—20	,,	50,2	50,1	48,1	47,2
Fraktionierte Lösung von Nr. 14.							
1	100	13—14	1	42,3	41,0	41,0	38,0
2	,,	14—15	,,	43,3	41,9	41,0	37,9
3	,,	,,	,,	44,2	42,8	42,0	39,0
4	,,	,,	,,	44,8	43,8	41,8	39,9
5	,,	,,	,,	44,8	43,9	42,1	40,8
6	,,	16	,,	45,1	44,1	42,3	42,0
7	,,	14	,,	45,3	44,2	43,1	42,8
8	,,	,,	,,	45,8	44,3	43,8	43,1
9	,,	,,	,,	45,8	45,0	44,7	44,0
10	,,	,,	,,	45,8	45,0	45,2	44,2

Nr. der Krystallisation	Menge des Lösungsmittels (Aceton) ccm	Krystallisations- Temperatur °C	Dauer Stdn.	Schmelzpunkte der Glyceride der Krystalle aus Lösung krystallisierte Glyceride °C	aus Schmelzfluß erstarrte Glyceride °C	Mutterlaugen aus Lösung krystallisierte Glyceride °C	aus Schmelzfluß erstarrte Glyceride °C
11	100	13	1	46,0	45,2	44,8	44,3
12	,,	14—16	,,	46,0	45,2	44,9	44,8
13	,,	,,	,,	46,1	45,8	45,0	44,9
14	,,	,,	,,	46,2	45,7	45,1	44,9
15	,,	,,	,,	46,1	45,8	45,0—46,9	45,1
16	,,	,,	,,	46,2	45,7	46,0	45,8
17	,,	,,	,,	47,1	46,3	45,9	45,8
18	,,	,,	,,	47,0	46,2	46,2—46,9	45,1
19	,,	19—20	,,	47,2	46,8	46,1	45,2
20	,,	,,	,,	48,1	47,2	47,3	46,1
21	,,	15—16	,,	48,5	47,8	46,9	46,1
22	,,	,,	,,	49,1	48,3	47,1	47,0
23	,,	18	,,	Keine Krystallisation		49,1	48,3

Aus den Ergebnissen der letzten fraktionierten Lösung geht, wie die Mutterlaugenfraktionen Nr. 9—14 zeigen, unzweideutig hervor, daß in den bei rund 45° schmelzenden Fraktionen ein einheitliches Glycerid vorliegt; es ist dieses das auf Grund der früheren Krystallisationen bereits vermutete Glycerid IV. Zur Gewinnung weiterer Mengen dieses Glycerides wurden die Mutterlaugenfraktionen Nr. 15—19 von Nr. 14 vereinigt und mit 75 ccm Aceton bei 13—14° je 1 Stunde fraktioniert gelöst. Die Ergebnisse waren folgende:

Tabelle 104.

Krystallisation	Schmelzpunkte der Glyceride der Krystalle		Schmelzpunkte der Glyceride der Mutterlaugen	
	aus Lösung krystallisierte Glyceride °C	aus Schmelzfluß erstarrte Glyceride °C	aus Lösung krystallisierte Glyceride °C	aus Schmelzfluß erstarrte Glyceride °C
Nr. 1	46,2	45,8	45,3	45,1
,, 2	47,0	45,9	45,2	45,1
,, 3	48,8	46,0	47,7	45,8

In den ersten beiden Mutterlaugenfraktionen haben wir also weitere Mengen des Glycerides IV; sie wurden mit der Hauptmenge aus der vorhergehenden fraktionierten Lösung der Fraktion Nr. 14 (Fraktionen Nr. 9—14) vereinigt.

Untersuchung des Glycerides IV.

Da die gewonnene Menge des Glycerides IV (1,1 g) nur zur Bestimmung einer Verseifungszahl (a) ausreichte, wurden, um diese kontrollieren zu können, aus der Seife die Fettsäuren durch Salzsäure wieder abgeschieden und die Säurezahl der Fettsäuren (b) bestimmt und daraus die Verseifungszahl des Glycerids berechnet. Mit der Seife von dieser Säurezahlbestimmung wurde nochmals in der gleichen Weise (c) verfahren. Die Ergebnisse waren folgende:

	Angewendete Substanz	Verbrauch an Kaliumhydroxyd	Säurezahl	Verseifungszahl
a)	1,1040 g	0,24946 g	—	225,9
b)	0,9950 „	0,23557 „	236,8 ⎫ Mittel	223,1 ⎫ Mittel
c)	0,9850 „	0,23070 „	236,6 ⎭ 236,7	223,0 ⎭ 223,1

Die direkt gefundene Verseifungszahl a ist offenbar zu hoch ausgefallen und daher bei der Berechnung des Mittelwertes nicht mit berücksichtigt worden.

Untersuchung der Fettsäuren. Zur genaueren Kennzeichnung der im Glyceride IV vorhandenen Fettsäuren wurden die aus den Seifenlösungen von den Säurezahlbestimmungen wieder abgeschiedenen Fettsäuren der fraktionierten Fällung nach Heintz mit Magnesiumacetat unterworfen.

Die Fettsäuren (0,967 g) wurden in 50 ccm Alkohol gelöst und in der Wärme mit 2,5 ccm einer 2,5 %-igen alkoholischen Magnesiumacetatlösung versetzt. Nach 4 Stunden langer Krystallisation bei 12—13° wurden die abgeschiedenen Magnesiumseifen abfiltriert, zweimal mit geringen Mengen Alkohol ausgewaschen und nach dem Verdunsten des Alkohols durch Kochen mit verdünnter Salzsäure zersetzt. Nach dem Erkalten wurden die Fettsäuren mit Äther ausgeschüttelt und die ätherische Lösung mit Wasser gewaschen. Nach dem Verdunsten des Äthers und Trocknen bei 100° wurde das Gewicht festgestellt und der Schmelzpunkt bestimmt (Fraktion 1). In derselben Weise wurden die drei weiteren Fraktionen 2—4 erhalten.

Da nach der Fällung der 4. Fraktion auf weiteren Zusatz von Magnesiumacetat keine Ausscheidung von Magnesiumseifen mehr eintrat, wurde zur weiteren Fällung dreimal je 0,2 ccm einer 40 %-igen Bariumacetatlösung verwendet und mit den Bariumseifen in gleicher Weise wie mit den Magnesiumseifen verfahren. Die Ergebnisse waren folgende:

Tabelle 105.

Fraktion Nr.	Fällung mit	Gewicht der Fettsäuren	Schmelzpunkt der Fettsäuren	Neue Hauptfraktionen
1	Magnesiumacetat	0,135 g	51,1°	⎫ A
2	„	0,138 „	50,1°	⎭
3	„	0,109 „	47,8°	⎫ B
4	„	0,070 „	45,7°	⎭
5	Bariumacetat	0,137 „	43,9°	⎫
6	„	0,129 „	47,1°	⎬ C
7	„	0,045 „	45,5°	⎭

Diese Fraktionen wurden in der vorstehend angegebenen Weise zu den drei neuen Hauptfraktionen A—C vereinigt und von diesen die Säurezahlen (a) bestimmt. Um diese Bestimmungen wiederholen zu können, wurden die Fettsäuren aus den Seifen noch ein zweites Mal abgeschieden (b). Die Ergebnisse waren folgende:

			Angewendete Substanz	Verbrauch an Kaliumhydroxyd	Säurezahl	
Hauptfraktion	A	a)	0,2665 g	0,05973 g	224,1	⎫ Mittel
		b)	0,2595 „	0,05695 „	219,4	⎭ 221,8
„	B	a)	0,1735 „	0,03945 „	227,4	⎫ 230,5
		b)	0,1665 „	0,03889 „	233,6	⎭
„	C	a)	0,2980 „	0,07223 „	242,4	⎫ 240,9
		b)	0,2670 „	0,06389 „	239,3	⎭

Diese Säurezahlen zeigen, daß die Hauptfraktion A vorwiegend aus Palmitinsäure (Säurezahl 219,0) und die Hauptfraktion C vorwiegend aus Myristinsäure (Säurezahl 246,0) besteht, während die Hauptfraktion B ein Gemisch aus nahezu gleichen Teilen Palmitin- und Myristinsäure darstellt.

Zur weiteren Trennung der Fettsäuren wurden die Hauptfraktionen A und C aus verdünntem Alkohol mehrmals umkrystallisiert. Es wurde dabei den ersten 3 Krystallisationen aus 70%-igem (A) bezw. 60%-igem Alkohol (C), bei der 4. Krystallisation aus 25 ccm 95%-igem (Fraktion A) bezw. 80%-igem Alkohol (Fraktion C) bei 0° und bei den letzten Krystallisationen aus 15 ccm 80%-igem Alkohol bei Zimmertemperatur umkrystallisiert. Die Ergebnisse waren folgende:

Nr. der Krystallisation:	1	2	3	4	5	6
Schmelzpunkte der Krystalle Hauptfraktion A:	52,8	54,1	54,3	55,8	56,0	65,1°
„ C:	45,2	45,8	46,0	52,1	57,9°.	

Diese Ergebnisse zeigen, wie bereits aus den Säurezahlen hervorging, daß als Fettsäuren im Glyceriden IV nur Palmitin- und Myristinsäure in Frage kommen. Das Glycerid IV ist demnach ein Palmitodimyristin. Dafür spricht auch die gefundene Verseifungszahl 223,1; die für Palmitodimyristin berechnete ist 224,2.

Untersuchung des Glycerids V.

Von diesem nur in sehr geringen Mengen gewonnenen Glycerid (S. 52) wurde die Verseifungszahl bestimmt; darauf wurden aus der Seife die Fettsäuren abgeschieden, dann wurde deren Säurezahl bestimmt und daraus die Verseifungszahl berechnet. Das Ergebnis war folgendes:

Angewendete Substanzmenge	Verbrauch an Kaliumhydroxyd	Säurezahl	Verseifungszahl	
0,2085 g	0,04250 g	—	204,4	Mittel
0,1930 „	0,04195 „	217,4	204,8	204,6

Die aus der Seife abermals abgeschiedenen Fettsäuren wurden einer fraktionierten Fällung nach Heintz unterzogen; sie wurden in 90%-igem Alkohol gelöst und die Lösung mit 0,8 ccm der 2,5%-igen Magnesiumacetatlösung versetzt. Nach 6 Stunden Krystallisation bei 12—15° wurde filtriert und die ausgeschiedenen Seifen wie bei Glycerid IV behandelt. Nach der in gleicher Weise ausgeführten zweiten Fällung wurde, da mit Magnesiumacetat keine Ausscheidung von Seifen mehr erfolgte, Bariumacetat verwendet und zwar 0,05 ccm der 40%-igen Lösung. Die Ergebnisse waren folgende:

Fraktion Nr.	1	2	3	4
Gewicht der Fettsäuren . . .	0,068	0,029	0,036	0,030 g
Schmelzpunkt der Fettsäuren .	57,8	55,0	53,5	54,0°.

Die Fraktionen Nr. 1 und 2 wurden in 150 ccm Alkohol gelöst und zur weiteren Trennung mit 0,05 ccm der 40%-igen Bariumlösung fraktioniert gefällt. Das Ergebnis waren zwei neue Fraktionen:

Fraktion Nr.	5	6
Gewicht der Fettsäuren . . .	0,046 g	0,031 g
Schmelzpunkt der Fettsäuren .	60,5	54,1°.

Ein weiterer Versuch, die Fettsäuren durch fraktionierte Fällung zu trennen, erschien bei der geringen Substanzmenge zwecklos. Es wurde daher, da nach der Verseifungszahl Stearinsäure als Bestandteil wahrscheinlich war, die weitere Untersuchung auf die Prüfung auf diese Säure beschränkt und die Fraktion Nr. 5 zweimal aus Alkohol umkrystallisiert, wobei für die Fettsäuren die Schmelzpunkte 64,2 und 65,0° erhalten wurden.

Diese Schmelzpunkte lassen — wenn wir von dem Vorhandensein noch höherer Fettsäuren als unwahrscheinlich absehen — den Schluß zu, daß in dem Glycerid V die eine Fettsäure jedenfalls Stearinsäure ist. Trifft dies zu, so kann bei der Verseifungszahl 204,6 dieses Glycerides als weiterer Bestandteil nur Palmitinsäure in Frage kommen. Somit dürfte es sich beim Glycerid V um ein Stearodipalmitin handeln. Die gegenüber der für dieses Glycerid berechneten (201,6) etwas zu hohe Verseifungszahl (204,6) ist offenbar bedingt durch Verunreinigung mit dem niedriger schmelzenden Palmitodimyristin (Glycerid IV). Ebenso spricht hierfür auch der etwas niedrigere Schmelzpunkt, der nach früheren Untersuchungen[1]) für Stearodipalmitin aus Hammeltalg 57,3° (korrig. 57,5°) betrug.

Der Destillationsrückstand besteht also außer aus ölsäurehaltigen Glyceriden, die nicht näher untersucht wurden, aus Palmitodimyristin und Stearodipalmitin, deren Menge zusammen etwa 5—6 % des untersuchten Cocosfettes ausmachen dürfte.

Zusammenfassung der Ergebnisse.

Die hauptsächlichsten Ergebnisse dieser Arbeit sind folgende:

1. Capron- und Caprinsäure konnten in den untersuchten Glyceriden des Cocosfettes nicht nachgewiesen werden; dagegen enthält es beträchtliche Mengen Caprylsäure.

2. Unzweifelhaft kommen im Cocosfette neben Ölsäure geringe Mengen Palmitin- und Stearinsäure vor.

3. Die Glyceride der gesättigten Fettsäuren bestehen beim Cocosfett zum weitaus größten Teil aus einem Caprylolauromyristin (Schmelzpunkt 15,0°) und einem Myristodilaurin (Schmelzpunkt 33,0°), neben geringen Mengen eines Laurodimyristins (Schmelzpunkt 38,1°).

4. Die beiden schwerlöslichsten Glyceride des Cocosfettes Palmitodimyristin (Schmelzpunkt 45,1°) und Stearodipalmitin (Schmelzpunkt des nicht ganz reinen Glycerides: 55,0°), besonders das letztere, sind nur in sehr geringer Menge im Cocosfette enthalten.

[1]) Zeitschr. f. Untersuchung der Nahrungs- u. Genußmittel 1909, 17, 353.

Lebenslauf.

Ich, Julius Anton Baumann, wurde am 3. Juni 1882 in Moskau geboren. Ich besuchte das X. St. Petersburger Gymnasium, das ich am 1. Juni 1903 mit dem Zeugnis der Reife verließ. Ich widmete mich dann an den Universitäten Leipzig und Münster i. W. dem Studium der Chemie. Am 16. November 1912 bestand ich die Hauptprüfung für Nahrungsmittelchemiker und am 27. Mai 1914 die mündliche Doktorprüfung.

MIX
Papier aus verantwortungsvollen Quellen
Paper from responsible sources
FSC® C105338

If you have any concerns about our products,
you can contact us on
ProductSafety@springernature.com

In case Publisher is established outside the EU,
the EU authorized representative is:
**Springer Nature Customer Service Center GmbH
Europaplatz 3, 69115 Heidelberg, Germany**

Printed by Libri Plureos GmbH
in Hamburg, Germany